# 趣读物理学

[俄] 雅科夫·伊西达洛维奇·别莱利曼　著

刘玉中　译

U0253597

中国青年出版社

**图书在版编目（CIP）数据**

趣读物理学 /（俄罗斯）雅科夫·伊西达洛维奇·别莱
利曼著；刘玉中译. — 北京：中国青年出版社，2025. 1.
— ISBN 978 – 7 – 5153 – 7472 – 7

Ⅰ. O4–49

中国国家版本馆 CIP 数据核字第 20246XC766 号

责任编辑：彭岩
出版发行：中国青年出版社
社　　址：北京市东城区东四十二条 21 号
网　　址：www.cyp.com.cn
编辑中心：010 – 57350407
营销中心：010 – 57350370
经　　销：新华书店
印　　刷：三河市君旺印务有限公司
规　　格：660mm×970mm　1/16
印　　张：13
字　　数：153 千字
版　　次：2025 年 1 月北京第 1 版
印　　次：2025 年 1 月河北第 1 次印刷
定　　价：58.00 元

如有印装质量问题，请凭购书发票与质检部联系调换
联系电话：010 – 57350337

# 作者简介

雅科夫·伊西达洛维奇·别莱利曼（Я. И. Перельман，1882～1942）是一个不能用"学者"本意来诠释的学者。别莱利曼既没有过科学发现，也没有什么称号，但是他把自己的一生都献给了科学；他从来不认为自己是一个作家，但是他的作品的印刷量足以让任何一个成功的作家艳羡不已。

别莱利曼诞生于俄国格罗德诺省别洛斯托克市。他17岁开始在报刊上发表作品，1909年毕业于圣彼得堡林学院，之后便全力从事教学与科学写作。1913～1916年完成《趣味物理学》，这为他后来创作的一系列趣味科学读物奠定了基础。1919～1923年，他创办了苏联第一份科普杂志《在大自然的工坊里》，并任主编。1925～1932年，他担任时代出版社理事，组织出版大量趣味科普图书。1935年，别莱利曼创办并运营列宁格勒（圣彼得堡）"趣味科学之家"博物馆，开展了广泛的少年科学活动。在苏联卫国战争期间，别莱利曼仍然坚持为苏联军人举办军事科普讲座，但这也是他几十年科普生涯的最后奉献。在德国法西斯侵略军围困列宁格勒期间，这位对世界科普事业做出非凡贡献的趣味科学大师不幸于1942年3月16日辞世。

别莱利曼一生写了105本书，大部分是趣味科学读物。他的作品中很多部已经再版几十次，被翻译成多国语言，至今依然在全球范围再版发行，深受全世界读者的喜爱。

凡是读过别莱利曼的趣味科学读物的人，无不为他作品的优美、流畅、充实和趣味化而倾倒。他将文学语言与科学语言完美结合，将生活实际与科学理论巧妙联系：把一个问题、一个原理叙述得简洁生动而又十分准确、妙趣横生——使人忘记了自己是在读书、学习，而倒像是在听什么新奇的故事。

1959 年苏联发射的无人月球探测器"月球 3 号"传回了人类历史上第一张月球背面照片，人们将照片中的一个月球环形山命名为"别莱利曼"环形山，以纪念这位卓越的科普大师。

# 目录

# 第一章　力学的基本定律

## 1.1 最便宜的旅行方式

17世纪法国作家西拉诺·德·贝尔热拉克在自己的讽刺小说《月球上的国家史》（1652年）中谈到一件好像是他本人亲身经历的趣事。有一次做物理实验的时候，他竟然莫名其妙地和一些玻璃瓶一起升到了高空。过了几个小时回到地上的时候，令他吃惊的是，他竟然不是落在自己的祖国法兰西，甚至也并不在欧洲，而是在北美洲的加拿大！对于这次穿越大西洋的意外之旅，这位法国作家认为是理所当然的事情。他是这样来解释的：当一个身不由己的旅行家离开地球表面的时候，地球依旧在自西向东转；所以，当他降落之后，双脚就不是落在法国而是在美洲大陆了。

看来，这是一种多么便利、多么便宜的旅行方式啊！只需要上升到空中，在空气中停留上哪怕几秒钟的时间，就可以降落到遥远的西边了。人们再也用不着穿越海洋、越过大陆来进行令人精疲力竭的旅行，只需要悬在地球上空，等待着地球将目的地带到脚下就行了。

遗憾的是，这种神奇的旅行方法只不过是种幻想。首先，即便上升到了空中，我们实际上还是没有离开地球，因为我们依旧停留在它的大气外壳中，依旧处在随其自转的大气里。空气，确切地说，地球下层的比较密实的空气是随着地球转动的，它带着它里面的一切东西，比如说云、飞机、鸟儿、昆虫等和地球一起自转。如果空气不跟着地球一起旋转的话，那我们站在地球上就会感受到极其强烈的大风，这种大风会让最猛烈的飓风[①]也相形见绌。要知道，不论我们是站在原地让风从身旁吹过，还是反过来，空气不动，我们随着空气前进，这两种情况是没有区别的。即便是在没有

---

① 飓风的速度是每秒40米，每小时144千米。在圣彼得堡的纬度上，这样的风速会让地球以每秒钟230米也就是每小时828千米的速度带着我们前行。

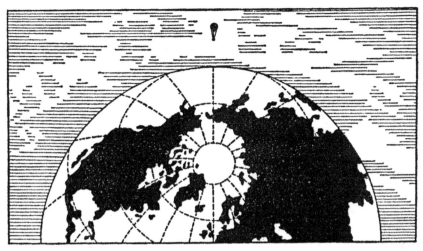

图 1 能不能从气球上看到地球在转动?(此图没有遵照比例尺)

风的天气里,摩托车运动员以每小时 100 千米的速度前进的话,也会感受到迎面吹来十分强烈的风。

其次,即便我们能升到大气的最高层,或者地球没有被大气环绕,我们都不能采用这位法国讽刺小说家的方式来旅行。实际上,当我们离开旋转着的地球表面时,在惯性的作用下,我们还是在随着地球以地面的速度前进。因此,当我们降落的时候,我们仍旧会落到出发的地方,这和我们在奔驰的火车上上跳而仍然落到原地是一样的。不错,我们会由于惯性而沿着切线做直线运动,但是我们脚下的地球依旧在做弧线运动;不过在极其短暂的时间里,这并不会改变事情的实质。

## 1.2 地球,停下来!

英国作家威尔斯写过一篇幻想小说,讲述的是一位办事员创造奇迹的故事。这位并不太聪明的年轻人有一种天生就有的奇特本领:他只要说出他的某一个愿望，这个愿望就会马上实现。但是，这项特殊的技能给他本人和其他人所带来的都只是不便。这个故事的结尾对我们有一些教育意义。

在一次很长的夜宴结束之后，这位神奇的办事员生怕自己凌晨才能回到家，于是就想使用自己的天赋来延长黑夜。怎么办呢？需要命令所有的天体停止运动。这位办事员并没有一下子就下定决心做这件非凡的事情。当他的一位朋友建议他将月亮停下来的时候，他仔细地看着月亮，若有所思地说：

"让月亮停下来，我觉得月亮离我们太远了……你认为呢？"

他的朋友美迪格说："为什么不试试呢？月亮当然是不会停下来的，你只要叫地球停止转动就是了。但愿这不会对任何人产生危害！"

"唔"，这位叫福铁林的办事员说，"好吧，我试试看。"

他做出发命令的姿势，伸出双手，严肃地喊道：

"地球，停下来！不准转动！"他的话刚一出口，他跟他的朋友就已经以每分钟几十英里的速度飞到空中去了。

尽管如此，他依旧还可以思考。不到一分钟，他想出了一个新的关于自己的愿望："无论如何，得让我完好无损地活着。"不能不承认，这个愿望来得太及时了。

过了几秒钟，他就降落到一处好像刚刚爆炸过的地面上，周围一些石块和倒塌的建筑物碎片以及各种金属制品不断地飞过，但都没有撞到他。一头牛飞过，落在地面上摔得粉碎。风可怕地咆哮着，他甚至都没法抬头看看周围的景象。

"真是无法理解"，他继续高声叫道，"这到底怎么回事？怎么起狂风了？不会是我做了什么事情引起的吧？"

在狂风里他透过衣襟飘动的缝隙观望了一下四周，继续说道："天上的一切似乎都正常啊。月亮还在那儿呢，可其他的呢？城市去哪里了？房子和街道呢？这是从哪里吹来的风？我并没有下命令让刮风啊。"

福铁林试着要站起来，但办不到，只好用双手抓住石块和土堆往前爬。然而已无处可去了，因为他看见周围已是一片废墟。

"肯定是宇宙中有什么东西被严重毁损了。"他想，"到底是什么呢，不知道。"

事实上，一切都毁损了。房屋、树木都见不到了，也见不到任何生物。只有乱七八糟的废墟和各种各样散落在四周的碎片，在尘埃蔽天的狂风里，勉强才能看得清。

这位肇事者显然还不知道发生了什么事情。但事情却很简单。福铁林叫地球一下子停下来的时候，并没有考虑到惯性。惯性作用在圆周运动突然停止的时候，不可避免地会把地球上的一切东西都抛出去。这就是为什么房屋、人和树木以及牲畜——一切跟地球本身没有固定联系的物体，都沿着地面以枪弹般的速度沿切线飞出去了。当所有这一切再次落回地面的时候，都已经是碎片了。

福铁林明白，他创造的奇迹并没有成功。他被深深的厌恶感包围，下定决心再也不创造奇迹了。但首先得把造成的灾害补救回来！这场灾难可真不小：狂风肆虐，尘土遮蔽了月亮，远处还传来洪水咆哮的声音。福铁林看到，闪电光照下有一堵水墙，这水墙以惊人的速度朝他躺着的地方奔涌而来。他一下子下定了决心：

"停下来，不准再往前一步！"他对着水高喊。

然后他又向雷电和风下了同样的命令。

他蹲下来，陷入了沉思。

"最好不要再出现这种乱子了。"他想了想，说道："第一，如果我即将说的话会应验的话，就让我不再拥有这种创造奇迹的能力吧！我以后要做一个普通人了，我不需要奇迹。这玩意儿太恐怖了。第二，让一切都恢复原状吧：城市、人们、房屋和我自己，都回到以前的模样吧！"

## 1.3  一封飞机上的来信

假设你坐在一架快速飞行的飞机上，下面是你熟悉的地方。现在飞机即将飞过你的一位朋友的住宅。你脑中闪过一个念头："应当跟他打个招呼。"于是你快速在便条上写了几句话，并将便条系在一个重物上。等到飞机飞到朋友住宅上空，你将这一重物抛掷出去。

当然你满怀信心地认为，重物会掉落到朋友的花园里。然而，虽然花园和住宅都正好位于正下方，重物却不会掉落在你所期望的地方。

如果观察这一重物的下落，你会看到一个奇怪的现象：重物在往下落，但依旧是位于飞机下方，似乎它被一根看不见的线系在了飞机上。重物达到地面的时候，会落在离你预定的地方很远的前方。

这里起作用的，还是那个妨碍着我们使用贝尔热拉克所建议的方法去旅行的惯性定律。当重物位于飞机内的时候，它会和飞机一起前进，而当它离开飞机往下掉的时候，它其实并没有丧失原来的速度。所以，它在下落的同时，还是要向原来的方向继续前进。这里存在着两种运动，一种是垂直的，一种是平行的。这两种运动合在一起，就使得重物始终留在飞机下方，并沿着一条曲线往下落（当

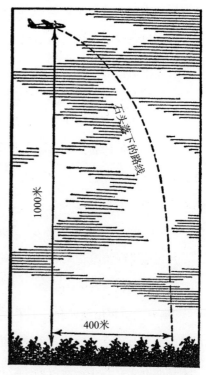

图 2　从正在飞行的飞机上落下的石头，不是竖直而是沿着一条曲线落下来的。

然，我们说的是飞机本身的飞行方向和速度都不改变的情况）。实际上，这个重物就如同水平抛出去的物体一样，总是沿着一条弧线往下落到地面，如同从一水平的枪射出去的枪弹那样。

但是我们应当注意到，上述一切在没有空气阻力存在的情况下是完全正确的。事实上，空气的阻力会阻碍重物的垂直和水平运动。因此，该重物并不会永远位于飞机的正下方，而是会稍微落在飞机之后一点点。

如果飞机飞得很高很快的话，重物偏离的垂直线就会很明显。如果没有风的话，飞机在 1000 米的高空以每小时 100 千米的速度飞行，从飞机上落下来的重物，会落在垂直落下地点前面大约 400 米的地方（图 2）。

如果忽略空气阻力的话，计算会很简单。根据匀加速度公式 $S=\frac{1}{2}gt2$ 可得：$t=\sqrt{\frac{2S}{g}}$。

也就是说，重物从 1000 米高空落下的时间是 $\sqrt{\frac{2\times1000}{9.8}}$ =14 秒。在这段时间内，重物的速度是每小时 100 千米，它在水平方向移动的距离是 $\frac{100000}{3600}$ ×14=390 米。

## 1.4　投弹

上述内容表明，空军投弹手要把炸弹投掷在指定的地方并不是一件简单的事情：他不仅需要考虑飞机的速度，还需要考虑炸弹下落时的空气条件和风速。图 3 显示的是，飞机投下的炸弹在不同的条件下所走的不同的轨迹。如果没有风，投掷的炸弹会沿着曲线 AF 前进。顺风的时候，炸弹会被往前吹，因此沿着曲线 AG 前进。在不大的逆风条件下，如果大气的上下层方向一致的话，炸弹会沿着曲线 AD 下落；如果上下层的风向相反（上层逆风，下层顺风），炸弹下落的轨迹就会是 AE。

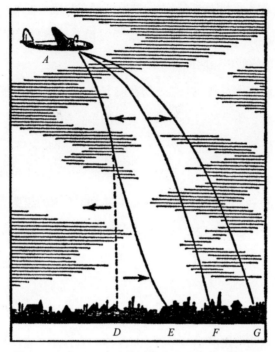

图 3　从飞机上投下的炸弹所走的线路：没有风的
天气时为 AF；顺风的时候为 AG；逆风的时候为
AD；上面逆风，下面顺风的时候为 AE。

## 1.5　不需要停车的铁路

　　如果你站在火车站静止的站台上，有一列快车从站台前开过，这时候要跳上车去，显然不是一件容易的事情。假设你脚下的站台和火车一样以同样的速度向同一个方向行驶，这样的话，你上车还会很困难吗？

　　一点也不困难：此时你会像走进一辆静止的火车那样平稳。一旦你和火车是以同样的速度向同一个方向行驶，火车对你来讲就是静止不动的。当然，火车的车轮是在转动，但是你会觉得它们是在老地方转动。严格地说，所有那些平常看起来静止不动的物体，比如说停靠在火车站的火车，实际上都在和我们一起绕着地球的轴以及太阳运动。但因为这些运动并没有对我们造成影响，所以我们不会去理会它们。

因此，我们完全可以造出这样的火车，使得它在经过站台的时候不用减速就可以将旅客运走。展览会上经常会有这样的装置，以便让参观者可以快速地欣赏陈列在会场的展品。展场的各个端点被一条如同没有尽头的铁道连接在一起，旅客可以在任何时间、任何地点上下正在全速行驶中的火车。

这种有趣的构造见附图。图4中 A 和 B 表示的是展场两头的车站。每一站中央都有一块圆形的不会移动的平台（乘客上下火车的月台），平台外围有一个大转盘。转盘外围是一圈链索，链索上挂着车厢。现在我们来观察一下，当转盘转动的时候会有什么情况发生。车厢会绕着转盘转动，其速度和转盘外围速度一样，所以旅客可以毫无危险地从转盘进入车厢或者从车厢出来。从车厢出来之后，乘客可以向转盘中心走去，直到到达那块不动的平台。从转盘的内缘到达那块不动的平台并不难，因为这里的圆的半径很小，所以圆周速度也很小[①]。到达不动的平台之后，旅客只需要走过桥，就出站了。

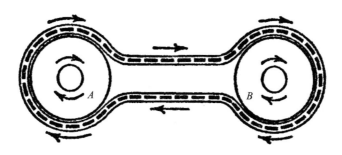

图4 A、B 两站之间不需要停车的铁路构造。
车站构造见图5。

---

① 很容易理解，转盘转动的时候，它的内部边缘上的各点会比外缘各点慢很多，因为在同样的时间内，内缘各点所走的圆周路线要短很多。

火车如果不需要经常停靠站台的话，就可以节省很多时间和能源。比如说，城市中的电车很大部分时间和大约$\frac{2}{3}$的能量都消耗在它离站时加速和停车前的减速上了[①]。

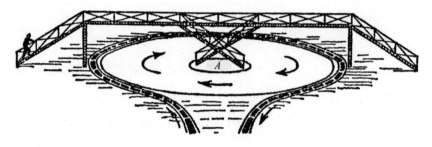

图 5　不需要停车的铁路上的车站。

火车站上即便不使用特别的活动月台，也可以让旅客在火车全速时上下车。设想一下，有一列快车从一个普通的不动的车站边经过，我们希望在它不停下来的情况下将站上的旅客带走。假设这些旅客都在另一列并行的火车上，现在开动这列火车，使它的速度跟上前一列火车。这样，当两列火车并排前进的时候，它们彼此都是相对静止的。这时候只需要在两列火车之间搭一个桥梁，将它们的车厢连接起来，旅客就可以从一列火车走上另一列火车了。大家可以看到，此时车站就是多余的了。

## 1.6　活动的人行道

另外一种设备也是根据相对运动的原理来制造的，这就是所谓的"活

----

① 刹车时的能量损失是可以避免的，只需要刹车的时候改接车上的电动机，使它们像发电机那样工作，这样就可以把电流还给电网。这样的话，电车开动时消耗的能量就可以减少到原来的30%。

动的人行道"。这种人行道最早出现在 1893 年美国芝加哥的一次展会上，后来 1900 年在巴黎世界博览会上也出现过。图 6 是这种设备的构造图。大家可以看到五条环形的人行道，它们一环套一环，各自在不同的机械装置作用下以不同的速度运行。

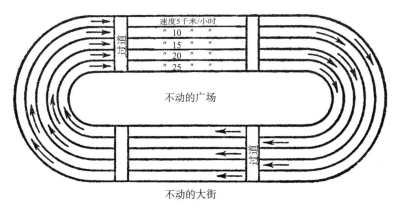

速度5千米/小时
" 10 " "
" 15 " "
" 20 " "
" 25 " "

过道

不动的广场

过道

不动的大街

图 6　活动人行道。

　　最外面的一环速度相当慢，每小时只有 5 千米，这是一个人步行的正常速度。要进入到这一缓慢运行的人行道上去并不难。紧挨这一人行道的是第二环，以每小时 10 千米的速度运行。从静止的街道上跳入这样的人行道当然是很危险的，但是从第一条人行道进入这一环却不费劲。实际上，相对于以每小时 5 千米的速度运行的第一条人行道来说，这第二条速度为每小时 10 千米人行道的运行速度也只不过是每小时 5 千米。它就意味着，从第一条人行道进入第二条，和从地面上进入第一条一样容易。第三条人行道的速度是每小时 15 千米，当然，从第二条上跨过去也不是难事。同样，从第三条人行道进入速度为每小时 20 千米的第四条也很容易。以此类推，第五条人行道就把乘客带到他需要去的地方了。最后，乘客还可以从内往外回到静止不动的地面上来。

## 1.7 一条难懂的定律

力学三定律中最难懂的恐怕要算著名的"牛顿第三定律"——作用与反作用定律了。这条定律大家都知道，并且在某些条件下也可以正确运用这一定律。但是很少有人完全明白它的意义。也许读者中有人一下就理解了它，但是我得承认，我在知道这一条定律之后十来年才完全掌握它。

我和很多人讨论过这条定律，并且不止一次地确认，大部分人对这条定律的正确性是有所保留的。他们承认，对静止不动的物体来讲，这条定律是正确的，但就是弄不明白怎么样将这套定律运用到运动着的物体的相互作用上去。该定律说，作用永远等于反方向的反作用。也这就是说，如果一匹马拉着一辆车，那么这辆车也以同样的力向后拉着这匹马；如此一来，马车就应当停在原地静止不动，可为什么马车却在前进呢？如果这两个力是相等的，为什么它们不会彼此抵消呢？

这条定律让人无法理解的地方就在这里。难道这条定律是错误的吗？不是，定律当然是对的，是我们没有正确理解它。这两个力之所以没有相互抵消，是因为它们属于不同的物体：一个属于马车，一个属于马。这两个力是相等的，没错。但难道能说相等的力永远会产生相同的效果吗？难道相等的力会使随便什么物体都产生一样的加速度吗？难道说力对物体的作用是和物体本身、和物体的"抵抗力"大小没有关系吗？

如果想到了这一点，就不难明白，为什么马车虽然以同样大小的力拉着马，马却依旧拉着马车前进了。作用于马和马车的力，在每一时刻都是相等的。但是由于马车有车轮，可以自由移动，而马只是站在地上。因此，马车就随着马移动了。如果马车没有给予马匹同样的作用力的话，马车就有可能在没有马的情况下，只需要很小的力的作用就可以前进了。事实上，马的作用就是用来克服马车的反作用力的。

如果把这条定律通常所用的简短形式"作用等于反作用"改成"作用力等于反作用力"的话，可能会更好理解一些。要知道此处相等的只是力，至于作用（就像平常所理解的那样，"力的作用"是指物体位置的移动），因为受力的物体不同，通常情况下是不会相同的。

北极冰挤压"切柳斯金"号船身也是同样的道理：船身给予冰块的反作用力也是同样大小。灾难之所以会发生，是因为强大的冰体顶住了来自船身的压力，因而没有损坏；但是船身虽然是金属的，却不是实心的，所以没能承受住来自冰块的压力，因而压坏了。

物体的下落也同样遵循作用与反作用定律。苹果掉到地上是因为受到地球的吸引力。但是苹果也以同样大小的力吸引着地球。严格来讲，苹果和地球是相互向对方掉落，但是掉落的速度是不一样的。大小相等的相互作用力给予苹果的加速度是每秒钟近 10 米，但地球获得的加速度呢——它的质量是苹果的多少倍，就获得苹果得到的加速度的几分之一。当然，地球的质量是苹果的无数倍，因为地球向苹果移动的距离小到不能再小，实际上只能算作是零。因为我们说苹果掉到地上，而不说"苹果和地球相互向对方掉落"。[①]

## 1.8 大力士斯维亚托戈尔是怎么死的？

大家记得大力士斯维亚托戈尔想举起地球的那首民歌吗？如果传说可靠的话，阿基米德也曾经准备做同样的事情，他只需要为他的杠杆找到一个支点就可以了。但是斯维亚托戈尔力大无穷却没有杠杆。他只想找一个

---

① 关于反作用定律，请参看我写的《趣味力学》（第一章）。

可以抓住的东西，使他那有力的手有地方用力。"只要有地方用力，我可以举起整个地球。"事也凑巧，这位大力士在地上找到了一个"小褡裢"，它很牢固，"不会松，不会转，不会被拔出来。"

斯维亚托戈尔跳下马，

双手抓住小褡裢，

把小褡裢提得高过了膝盖：

他就齐膝盖陷到地里面。

他苍白的脸上没有泪，却流着血。

斯维亚托戈尔陷在那里，再也起不来，

他的一生就此完结。

要是斯维亚托戈尔知道这条作用与反作用定律的话，他也许会想到，他大力士般的力气作用到地球之后会引起同样大小的反作用力，这个反作用力会把他自己拉到地里面去。

不管怎样，从这首民歌可以看出，在牛顿的不朽名著《自然哲学的数学原理》（当时的"自然哲学"指的就是物理学）发表之前很久，人们就已经在不自觉地运用反作用定律了。

## 1.9  没有支撑物可以运动吗？

走路的时候，我们用脚蹬地面或者地板；但是如果地板非常光滑，或者是在冰上，那就无法蹬脚，也没法走路了。机车前进的时候，用它的主动轮推着铁轨；如果铁轨上涂了油，机车就只能停在原地了。有时候（比如说结冰了）为了使火车能够开动，就需要使用特别的装置，在机车主动轮前面的铁轨上撒上细沙。刚开始有铁路的时候，车轮和铁轨上都是有齿的，这是因为当时的人们认为，车轮必须推开轨道才能前行。轮船是用推进器的螺旋桨来推开水的。飞机是用螺旋桨推开空气的。总之，物体不论在哪种介质中运动，都需要这种介质的支撑才行。如果没有了支撑物，物体能不能运动呢？

看来，要做这种运动，就如同想抓住自己的头发把自己提起来那样困难。这样的事情只有闵希豪生男爵[①]曾经尝试过。但是，这表面上看起来不可能的运动却时常在我们眼前发生。不错，物体不能完全依靠自身内部的力量使自己整个儿向前运动，但是它可以让自己的一部分向一个方向运动，其余的部分同时向相反的方向运动。大家多次见到过飞行中的火箭，可是各位想过这个问题吗："为什么火箭会飞"？火箭恰好就是一个很好的例子，可以用来说明我们现在讲到的这种运动。

## 1.10　为什么火箭会飞？

甚至连研究物理学的人，有时候也会对火箭的飞行做出不正确的解释：他们认为，火箭之所以会飞，是因为利用它内部燃烧的火药所产生的气体来推动空气实现飞行的。以前的人也是这么想的（火箭很早就发明了）。但是如果把火箭放在没有空气的空间里，它甚至比在空气中还要飞得出色一些。火箭飞行的原因完全是另一回事。三·一刺客成员[②]之一的基巴利契奇在他临死前的一本关于发明飞行器的笔记里有清楚明白的记述：

做一个一端封闭另一端开放的铁制圆筒，用压缩的火药将敞口的一端紧紧地塞上。这块火药的中间是一条类似管道式的空间。火药从管道的内表面开始燃烧，并在某个确定的时间里扩散到这块压缩火药的外表面，伴随着气体的燃烧产生了朝向各个方向的压力。气体向两

---

① 闵希豪生男爵是世界名著《吹牛大王历险记》中的主人公。

② 指俄国民意党人 1881 年 3 月 1 日炸死亚历山大二世事件的参与者。

侧的压力可以实现互相平衡，但是朝向铁制圆筒底部的压力没有遇到与它对抗的力（因为在反方向上是敞口的）。就是这个朝向底部的力推动着火箭前进。

发射炮弹的时候的情形也是一样的。炮弹向前飞，而炮身向后坐。大家可以想象一下手枪和各种火器在发射时的"后坐力"。如果大炮悬在空中没有支点的话，炮身在射击之后就会向后运动，它的速度和炮弹前进的速度之比，等于炮弹的重量和大炮重量之比。儒勒·凡尔纳的幻想小说《扭转乾坤》中的主人公甚至还想利用大炮的强大后坐力来完成一项伟大的事业——把地轴扶正！

火箭也如同一枚大炮，不过它射出的不是炮弹而是火药的气体。"中国轮转焰火"也是基于同样的原理旋转上升的。轮子上装有一根火药管，当管内的火药着火的时候，气体从一个方向冲出，火药管和跟它连在一起的轮子就向相反的方向运动。事实上，这只是大家所知道的物理仪器西格纳尔轮的一个变种而已。

有趣的是，在蒸汽机发明以前，曾经有过一种机械船的设计，也是根据的这一原理。船尾装有很强大的压水泵，能够把船里的水压向船外，因此船就会向前运行。这和中学物理实验室里用来证明上述这条原理的浮在水面的洋铁罐是一样的。这种机械船的设计没有应用过，但是它却对轮船的发明起了很大的作用，因为它向富尔顿提供了灵感。

我们还知道，最早的蒸汽机是由公元前2世纪的希罗制造的，也是基于同样的原理。如图7所示：蒸汽从汽锅 D 通过管道 abc 进入一个安装在水平轴上的球里面；然后蒸汽再从两个曲柄管冲出，推动管子向相反方向运动，这样球就开始转动。遗憾的是，希罗式的蒸汽机在古代只能是一种有趣的玩具，因为奴隶劳动的代价很低，人们就不会想到使用机器。但是这个原理并没有被抛弃：现在我们正是利用这一原理来建造反动式涡轮机。

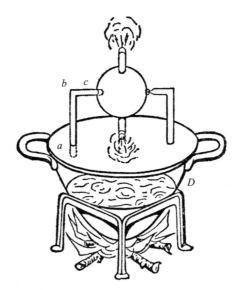

图7 最早的蒸汽机（涡轮机），公元前2世纪的时候希罗发明的。

作用与反作用定律的作者牛顿，也根据这个原理设计了一辆最早的蒸汽汽车。从安装在车轮上的汽锅中冒出的蒸汽向一个方向喷出，而汽锅本身却在反冲作用下向相反的方向运动（图8）。

图8 牛顿发明的蒸汽汽车。喷气式汽车就是牛顿的汽车的现代形式。

有兴趣的读者，可以依照图9的方法做一只小船，这只船和牛顿的汽车很相似：在一个空蛋壳做的汽锅下面放一个顶针，顶针里放上一块浸了酒精的棉花，棉花被点燃以后，汽锅里就会出现蒸汽。这股蒸汽会向一个方向冲出，这样就会推动小船向相反的方向前进。不过，这个具有教育意义的玩具需要有一双灵巧的手才能做成。

图9　用纸片和蛋壳做的玩具船。燃料是注入顶针的酒精。从蛋壳做成的汽锅里冲出来的蒸汽，能让这只小船向相反的方向前进。

## 1.11　乌贼是怎么运动的？

大家听到以下事实一定会觉得奇怪：世界上有不少的动物，对它们来讲，"抓住自己的头发把自己提起来"是它们在水中运动的一种方法。

乌贼和大多数足类软体动物在水里就是这样运动的：经过身体侧面的孔和前面的特别漏斗，它们把水吸进腮腔，然后经过漏斗把水压出体外。按照反作用定律，它们就得到了相反的推力，使它们能从后面推动身体很快向前游去。乌贼可以使它的漏斗管指向旁边或者后方，然后用力从里面压出水来，使自己可以随便向哪个方向运动（图10）。

　　水母的运动也是基于同样的原理：它们收缩肌肉，把水从自己钟形的身体下面排出来，这样就得到一种反方向的推力。蜻蜓的幼虫和其他水中的动物，也都是用类似的方法在水中前进的。

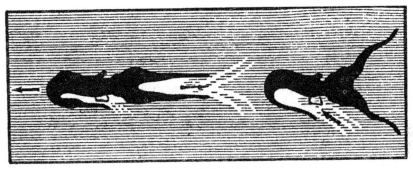

图 10　乌贼在游水。

## 1.12　乘着火箭去星球

　　有什么比离开地球到无边无际的宇宙去旅行——从地球飞向月球，从一个行星飞到另一个行星——更具有诱惑力呢？就这个题材写成的幻想小说简直不计其数！多少人用漫游宇宙空间的想象使我们着迷！伏尔泰的《小麦加》、儒勒·凡尔纳的《球游月球》和《赫克托·塞尔瓦达克》、威尔斯的《第一批登上月球的人》以及他们众多的模仿者，写了多少有趣的宇宙旅行！不过，这些旅行都是在幻想中进行的。

　　难道这个久远的梦想就没有实现的可能吗？难道小说中这些引人入胜的聪明幻想，事实上都是不能实现的吗？后面我们会讲到关于星际旅行的一些设想。现在我们先来认识一下俄罗斯著名的科学家齐奥尔科夫斯基有关宇宙飞船的设计吧。

　　能不能坐飞机去月球呢？当然不能。飞机和飞艇之所以能飞行，是因为有空气的支撑，它们将空气推开而前进。但是地球和月亮之间是没有空气的。事实上，在宇宙空间中没有足够密实的介质可以支撑星际飞船（图11），所以必须设计出一种不需要任何支撑物就能运行和驾驶的飞行设备。

图 11　构造类似火箭的星际飞船。

我们已经熟悉了类似炮弹的玩具——火箭。那么，为什么不制造一个巨大的火箭，使里面有特别的能容纳人、食物、空气筒以及各种必需品的空间呢？这样就会得到一个真正的可以操控的宇宙飞船，可以乘坐这艘飞船在宇宙空间遨游，可以飞到月球，飞到行星上去了。驾驶者可以控制住气体的爆炸力，可以逐渐加大星际飞船的速度，使速度的增加对他们无害。只要调转飞船，逐渐减小速度，他们就会在希望去的行星上慢慢降落。最后，他们还能采用同样的方法返回地球。

现在我们的飞机已经能够飞入高空，飞越高山、沙漠、大陆和海洋。那么再过几十年，星际航行能否同样蓬勃发展呢？也许那时候，人们就会挣脱地球上曾经束缚他们的那条无形的锁链，飞入广阔无边的宇宙空间了。

# 第二章　力·功·摩擦

## 2.1 一道关于天鹅、龙虾和梭鱼的习题

大家都知道"天鹅、龙虾和梭鱼拉一车货物"的寓言。但是如果从力学的角度来看待这个问题，就会得出跟寓言的作者克雷洛夫完全不同的结论。

我们需要解决的是力学上几个互成角度的力的合成问题。根据这个寓言，这几个力的方向是（如图12）：

天鹅冲向云霄，

龙虾往后退，

梭鱼向水里拉。

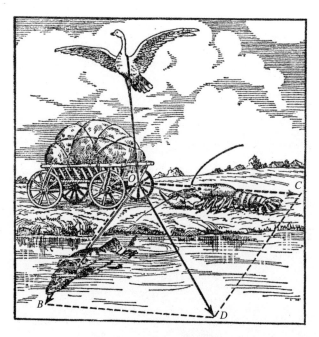

图12 根据力学原理来解决克雷洛夫关于天鹅、龙虾和梭鱼的问题。
合力（OD）应当会将货车拉下水去。

这就是说，第一个力是天鹅的拉力——向上；第二个力是梭鱼的拉力（OB）——向旁边；第三个力是龙虾的拉力（OC）——往后。但我们不要忘记了，还有第四个力——货物的重力，方向垂直向下。寓言中说道："货车还在原处"，换句话说，就是作用在货物上的几个力的合力为零。

是这样吗？我们来看看。冲向云霄的天鹅，不但不会妨碍龙虾和梭鱼的工作，还会帮助它们：天鹅的拉力跟重力方向相反，这样就减小了车轮跟地面和车轴的摩擦，所以货车的重量减少了，甚至完全抵消了货车的重量——要知道货车并不重（寓言里有句话，"对它们来说，货车是很轻的。"）。为了简单起见，我们假定货车的重量被天鹅的拉力抵消了，只剩下两个力：龙虾和梭鱼的拉力。这两个力的方向，童话里是这么说的："龙虾往后退，梭鱼向水里拉。"显然，水不一定在货车的前面，而是在它的侧面（克雷洛夫寓言中的这几个劳动者当然不希望把货车拉到水里去）。这就是说，龙虾和梭鱼的力是互相呈角度的。如果它们之间所呈的角不是180°，那么它们的合力就不可能为零。

按照力学原理，我们用 OB 和 OC 这两个为边，来画一个平行四边形，四边形的对角线 OD 代表合力的方向和大小。显然，这个合力应该能够拉动货车。在货车的全部或者部分重量因天鹅的拉力而减小的时候，就更容易拉动了。另外一个问题是：货车向哪个方向移动：向前、向后，还是向旁边？这取决于这几个力的相互关系和它们之间所成的角度大小。

读者如果知道一点力的合成和分解的概念的话，就会很容易看得出：即便天鹅的拉力和货车的重量不能抵消，货车也不会在原地静止不动。只有当车轮和车轴跟地面的摩擦力比合力大的时候，货车才不会移动。但是这和寓言"对它们来说，货车是很轻的"不相符合。

但无论如何，克雷洛夫都不能肯定地说："货车一点都没有动"，"货车还在原地"。然而这并不会改变这则寓言的寓意。

## 2.2　跟克雷洛夫的看法相反

我们刚才见识了克雷洛夫的处世箴言："伙伴间意见如果不一致的话，将会一事无成"。但是这则箴言并不适用于力学上的所有情况。几个力也许并不是同一个方向，但是依旧可以产生一定的效果。

克雷洛夫曾经将蚂蚁比作模范工作者。但是很少有人知道，这些勤劳的蚂蚁，正是按照这位寓言作家嘲笑它们的方式协同工作的，并且它们的工作通常都是能顺利进行的。这正是力的合成规律在起作用。仔细观察正在工作的蚂蚁，大家就会得出结论：事实上每只蚂蚁都是在自顾自地工作，它们并没有考虑要帮助别的同伴。

一位动物学者是这样描述蚂蚁的工作的：

如果几十只蚂蚁在一条平坦的大道上拉一个挺大的捕获物，那么，所有的蚂蚁都一样地用力，看起来它们是在协力工作着。但是当这个捕获物——比如说毛毛虫——遇到一个障碍物（草根或者小石子）而不能往前拉，需要绕弯的时候，就可以明显地看出，每一只蚂蚁都是自顾自而不是和同伴协调着一起来越过这个障碍物的（图13和图14）。一只蚂蚁向左拉，一只蚂蚁向右拉，一只蚂蚁向前拉，一只蚂蚁向后拉。它们更换着位置咬着毛毛虫的身体，每一只蚂蚁都按照自己的意思或推或拉。有时候会有这样的情况：四只蚂蚁推着毛毛虫向一个方向前进，六只蚂蚁朝另一个方向前进，结果毛毛虫就向着六只蚂蚁的方向前进了。

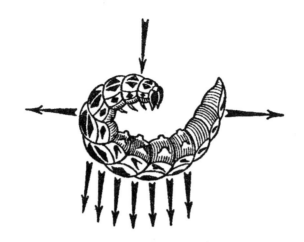

图 13 蚂蚁是怎么拉毛毛虫的。

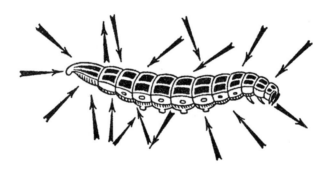

图 14 蚂蚁是怎样拉它们的捕获物的。箭头所指的是各只蚂蚁用力的方向。

　　我们用另外一个例子来说明蚂蚁之间的假合作。图 15 中画的是一块长方形的干奶酪，25 只蚂蚁咬着这块奶酪。奶酪慢慢沿着箭头 A 的方向移动。我们当然可以认为，前面一排蚂蚁是在拉，后面一排是在推，两旁的蚂蚁都在帮助前后的蚂蚁。但事实并不是这样的。如果用小刀把后面那排蚂蚁隔开，这时候奶酪就会移动得更快。原来后面的蚂蚁不是在向前推，而是在往后拉，想把奶酪拉到洞里去。由此可见，它们不但没有帮助前排的蚂蚁，反而阻碍了它们，抵消它们的力量。搬运这块奶酪，其实只需要 4 只蚂蚁就可以了，但是由于它们的动作不一致，因此需要 25 只蚂蚁才能将其搬回洞里去。

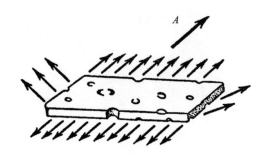

图 15 一群蚂蚁怎样把一块干奶酪沿着箭头 A 所指方向拖向蚁穴。

让人吃惊的是，对蚂蚁的这种工作特征，马克·吐温早就注意到了。他讲过一个关于两只蚂蚁的故事，有一只蚂蚁找到了一条蚱蜢腿。"它们各自咬着腿的一端，用尽全力向相反的方向拉。两只蚂蚁都似乎看出有些不对劲，但不知道发生了什么事情。于是它们就争吵甚至打起架来……后来它们和解了，重新开始这项毫无意义的工作。但这时候那只打架时受伤的蚂蚁却成了一个累赘：它不肯放弃这个捕获物，就吊在它上面。那只健壮的蚂蚁用尽全力才把食物拉回洞穴。"马克·吐温由此提出了一个正确的意见："只有在光会做不可靠结论的、没有经验的博物学家眼里，蚂蚁才是好的工作者"。

## 2.3 蛋壳容易破碎吗?

小说《死魂灵》中，深谋远虑的基法·莫基耶维奇绞尽脑汁考虑的哲学问题中有一个是这样的："哼，如果大象是卵生的话，那蛋壳应当会厚倒没有什么炮弹能打碎吧！唉，现在应该发明出一种新式的武器了。"

果戈理小说中的这位哲学家，如果知道普通的蛋壳虽然很薄，但是也不是什么脆弱的东西，一定会吃惊不小。把鸡蛋放在两手的掌心之间，用力挤压它的两端，力图这样把它压碎是不太容易的事情。用这种方法压碎蛋壳，是需要不小的力气的（图16）。

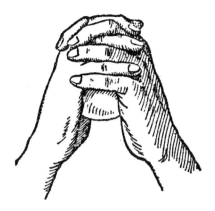

图 16　用这种方式压破鸡蛋，需要很大的力气。

蛋壳之所以特别坚固，是因为它的形状是凸出的。各种穹窿和拱门之所以很坚固，也是同样的道理。

图17画的是一个窗顶上的小型石拱门。重物 S（窗顶上砖墙的重量）向下施加压力，这个力作用在拱门中心那块楔形的石头 M 上，图中用箭头 A 表示。由于石头是楔形的，所以不会往下掉：它压在旁边的两块石头上。因此此时的力 A

图 17　拱门坚固的原因。

根据平行四边形规则可分解成为两个力，C 和 B。这两个力被相邻的两块石头的阻力所平衡。这样的话，由外向内压向拱门的力，就不会把拱门压坏。但是，如果从内部施加压力，拱门就容易被破坏。这一点很容易理解，因为石块的楔形虽然会阻止它自身下落，但并不会妨碍它上升。

蛋壳也是这样的拱门，只不过是整块的。蛋壳虽然很脆，但是受到外来压力的时候却不会那么容易就破碎。可以把一张有相当重量的四条腿的桌子放在四个生鸡蛋上，蛋壳也不会破裂（为了使鸡蛋能立起来，并增加它们的受压面积，需要用石膏加宽鸡蛋的两端。石膏是很容易黏附在蛋壳上的）。

现在大家就明白了，为何母鸡不担心自己的重量会压破鸡蛋，而弱小的鸡雏却可以用小嘴在蛋壳里面啄几下就能挣脱这个天然的牢笼。

用茶匙从侧面敲击鸡蛋，很容易就能将其敲碎，因而我们可以料想，蛋壳在天然条件下承受的压力有多大，大自然用来保护发育的小生命的盔甲是多么的坚固。

表面上看起来极其单薄和脆弱的电灯泡，实际上也很坚固，道理和鸡蛋的坚固是一样的。然而，灯泡的坚固性还要惊人，许多灯泡几乎是全空的，里面没有任何物质来抵抗它外面的空气的压力。空气施加给灯泡的压力并不小：直径为 10 厘米的灯泡两面所受的压力在 75 千克以上（一个人的重量）。实验表明，真空灯泡能承受的压力是这个压力的 2.5 倍。

## 2.4 逆风而行的船只

很难想象帆船是如何逆风而行的。不错，水手们会说，正面迎风驾船是不可能的，只能当船帆和风有一定角度的时候，船只才能前进。但是这个角度很小——大约只有直角的 $\frac{1}{4}$。然而，无论是迎着风还是呈 22° 的角，都是同样难以理解的。

事实上，这两种情况并非没有区别。现在我们就来解释，帆船在和风成一定角度的时候是如何前行的。先来看看风一般是如何对帆起作用的，也就是说，风吹向船帆的时候，是如何推动船帆的。大家也许会认为，风就是推动着船只往风吹的方向前进。但事实并非如此。无论风往哪个方向吹，它总会产生一个垂直于帆面的力，这个力推动着帆船前进。假设图 18

箭头所指的方向是风吹的方向，AB 表示的是船帆。

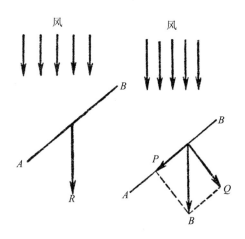

图 18　风总是顺着垂直于帆面的方向推动帆船。

　　由于风力是平均分配在整个船帆上的，所以我们可以用 R 来表示风的压力。这个压力作用在船帆的中心。我们将这个压力分解成两个力：跟帆面垂直的 Q 和跟帆面平行的 P（图 18 右图），力 P 并不会推动船帆，因为风跟帆面的摩擦太小。现在就剩下力 Q，它顺着垂直于帆面的方向推动着船帆。

　　知道这一点之后，我们很容易就可以明白，为什么帆船能够在跟风向成一个锐角的情况下逆风而行了。假设图 19 中的 KK 表示的是帆船的龙骨线。风按照箭头所指的方向成锐角吹向这条线。AB 代表帆面，我们将它摆在这样的位置：使帆面刚好平分龙骨和风向之间的角。我们来观察图 19 中力的分解。风对船帆的压力，我们用 Q 表示，这个力跟帆面垂直。把这个力分解为两个力：使 R 垂直于龙骨线，S 顺着龙骨线方向向前。由于船向 B 方向前进的时候，会遇到强大的水的阻力（帆船的龙骨在水里很深），这个阻力抵消了 R。现在就只剩下力 S，它推动着帆船前进。所以，船跟风向是有一个角度的，好像是在逆风而行[1]。通常帆船的运动是"之"字形路线，如图 20 所示。水手们把这种行船法叫做"抢风行船"。

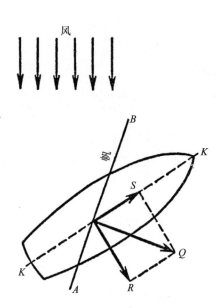 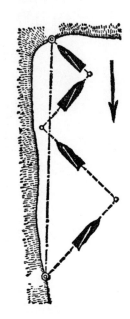

图 19　帆船是如何逆风而行的。　　　图 20　帆船逆风曲折航行。

## 2.5　阿基米德能举起地球吗?

"给我一个支点，我就能举起地球!"——这是古代发现杠杆原理的力学家阿基米德的话。我们从普鲁塔克的书里可以读到这样的话:"有一天，阿基米德写信给叙拉古国王希伦，他告诉他的这位亲戚兼朋友的国王，一定大小的力可以移动任何重量。他喜欢引用有力的证据，补充道:'如果还有另外一个地球的话，我就能从它上面把我们的地球移动'。"

阿基米德知道，只要使用杠杆，只需要很小的力就能把任何物体举起

---

[1] 可以证明，当帆面位于平分龙骨方向和风向之间的那个角的时候 $S$ 最大。

来：只需要将这个力放在杠杆的长臂上，让短臂对重物起作用。因此他认为，如果用力压一根非常长的杠杆臂，他用手就可以举起质量与地球相等的重物[①]（图21）。

图 21　"阿基米德用杠杆举起地球"。

然而，如果这位古代伟大的力学家知道地球的质量有多么的大，他或许就不会夸下这样的海口了。我们假设，阿基米德真的找到了另一个做支点的地球，他也找到了一根够长的杠杆。那么，大家能否猜想，他用多长时间才能把质量和地球质量相等的重物举起来，哪怕一厘米呢？至少需要三十万万万年！

地球的重量天文学家们是知道的。这样庞大的物体，拿到地球上来称的话，大约重：

6 000 000 000 000 000 000 000 吨。

一个能举起 60 千克重物的人，如果要举起地球的话，就得把自己的手放在这样一根杠杆上，这根杠杆的长臂等于短臂的

100 000 000 000 000 000 000 000 倍！

通过简单计算便可以知道，如果短臂的一端举高 1 厘米，那么长臂那

---

① 此处的"举起地球"，我们指的是在地球表面举起一个相当于地球质量的重物。

一端就需要在宇宙间画一个大弧形，弧长大约是：

1 000 000 000 000 000 000 千米。

这就意味着，如果阿基米德要把地球举起 1 厘米，那么他扶着杠杆的手就需要移动这样一个无法想象的距离！这需要多长的时间呢？假设阿基米德一秒钟内能将 60 千克的重物抬高 1 米，那么，将地球举起来 1 厘米需要的时间是：

1 000 000 000 000 000 000 秒。

或者说是三十万万万年！就算用一辈子的时间，阿基米德也不能把地球举到像极细的头发那样粗细的距离。

这位天才的发明家的任何聪明才智都无法帮助他缩短这个时间。力学的"黄金定律"告诉我们，任何一种机器，如果在力量上占了便宜，在位置移动的距离上，也就是在时间上一定要吃亏。如果阿基米德的手运动的速度可以和自然界最快的速度——光速（每秒 300000 千米）相等的话，他也只能在十几万年的辛苦劳动之后，才把地球举起 1 厘米。

## 2.6 儒勒·凡尔纳的大力士和欧拉公式

大家还记得儒勒·凡尔纳书中的大力士马迪夫吗？"头大身高，胸膛像铁匠的风囊，腿像粗壮的木柱，胳膊像起重机，拳头像铁锤……"这位大力士在《马蒂斯·桑多尔夫》这部小说中的众多功劳中，最惹人注目的恐怕是他用手拉住正在下水的"特拉波克罗"号船这件事情了。

小说的作者是这样来叙述这个巨人的功勋的：

　　船身两边的支撑物已经移走了，船准备下水了。只要把缆索解开，船就会滑下去。已经有五六个木工在船的龙骨下忙碌着。观众好奇地注视着他们的工作。这时候，有一艘快艇绕过岸边凸出的地方，进入了人们的视线。这艘快艇要进港口的话，必须从"特拉波克罗"号准备下水的船坞前面经过。因此，一听见快艇发出的信号，大船上的人为了避免发生意外，不得不停止了解缆下水的工作，让快艇先过去。这两条船一条是横着的，一条以极快的速度冲过来，如果它们相撞的话，快艇一定会被撞沉的。

工人们停止了锤击。所有的人都注视着这只华丽的船，船上白色的篷帆在夕阳下像是镀了一层金。快艇很快就出现在船坞的正前方，船坞上成千上万的人都目不转睛地注视着它。突然传来一阵惊呼，正当快艇的右舷对着"特拉波克罗"号的时候，大船摇摆着滑下去了。眼见两条船就要撞上了。已经没有时间，没有方法可以避免这场灾祸了。"特拉波克罗"号很快斜着向下面滑去……因摩擦而升起的白烟漫上了船头，船尾已经进入水里了（作者注：船下水的时候是船尾向前的）。

这时候，突然出现了一个人，他抓住了挂在"特拉波克罗"号上的缆索，用力地拉着大船，身子几乎贴近了地面。也就一分钟，他便把缆索绕在固定在地里的铁桩上了。他冒着被摔死的危险，用超人的力气，用手拉着缆索十来秒钟。最后，缆索断了。但就是这十来秒钟已经足够了："特拉波克罗"号进水以后，只是轻轻地擦了一下快艇，就向前驶了开去。

快艇得救了。至于那位如此迅速且出人意外地使这场灾祸得以幸免的人，就是马迪夫——当时甚至没有人来得及帮他一把。

如果有人对小说的作者说，完成这样的功劳完全并不一定需要一位大力士，也并不需要拥有马迪夫那般的力量，他一定会惊讶的，因为任何一位身手敏捷的人都能办得到！

力学告诉我们，缠在桩上的绳索在滑动的时候，摩擦力可以达到最大。

绳索绕的圈越多，这个摩擦力越大；摩擦力递增的规律是：圈数按照算术级数增加，摩擦力按照几何级数递增。因此，即便是一个小孩子，只要能把绳索在一个固定的桩上绕三四圈，然后抓住绳头，就可以平衡一个极大的重物。

在一些河边的轮船码头上，常常有一些少年，就是用这个方法使得载有几百个乘客的轮船靠岸的。事实上，此处起作用的并不是他们出人的臂力，而是绳子与桩之间的摩擦力。

18 世纪著名的数学家欧拉，算出了摩擦力跟绳索绕在桩上的圈数之间的关系。我们现在给出这个公式供大家参考：

$$F=fe^{k\alpha}。$$

公式中的 $f$ 是指我们使用的力，$F$ 是 $f$ 的阻力，$e$ 代表的数字是 2.718……（自然对数的底），$k$ 是绳子和桩之间的摩擦系数。$\alpha$ 表示的是绕转角，也就是绳索绕成的长度和弧的半径之间的比值。

我们把这个公式运用到凡尔纳所讲的事例中去，所得的结果会是令人吃惊的。力 $F$ 是沿着船坞滑下去的船对缆索的拉力。从小说中可以得知船重 50 吨。假设船坞的坡度是 $\frac{1}{10}$。那么作用在缆索上的就不是整个船的重量，而是它的 $\frac{1}{10}$，也就是 5 吨或者 5000 千克了。

缆索和铁桩之间的摩擦系数 $k$ 我们定为 $\frac{1}{3}$。如果我们注意到，马迪夫将缆索绕了铁桩 3 圈的话，$\alpha$ 的数值就不难算出来了。因此：

$$\alpha = \frac{3 \times 2\pi r}{r} = 6\pi,$$

我们把这些数值代入欧拉公式，就可以得到一个方程：

$$5000 = f \times 2.72^{6\pi \times \frac{1}{3}} = f \times 2.72^{2\pi}。$$

未知数 $f$（需要的人力）可以用对数求出来：

$$\log 5000 = \log f + 2\pi \log 2.72,$$

得到　　　　　　　　　　　　　　$f$=9.3 千克。

因此，这个大力士只需要 10 千克的力气，就可以把缆索拉住了！

大家不要以为 10 千克这个数据是理论上的，实际需要的力气一定会大很多。恰恰相反，我们得到的这个结果已经相对较大了：古时候是使用麻绳和木桩来系船的，这两种东西之间的摩擦系数 $k$ 比上面所用的数值更大，因此需要的力气几乎小得可笑。只要绳索够牢固，能够承受住拉力，就是没有什么力气的小孩子，把它在木桩上套三四圈之后，也能立下这位凡尔纳小说中大力士所立的功劳，或许还能胜过他。

## 2.7　结为什么能打得牢？

毫无疑问，我们在现实生活中经常都会用到欧拉公式带给我们的便利。譬如说打结，各种各样的结——普通结、"吊板结"、"纽带结"、"水手结"、"蝴蝶结"，我们在打结的时候，不都是把绳索的一端当做木桩，而让绳子的其余部分缚在它上面的吗？所有这些结之所以牢固，完全是由于摩擦的作用。由于绳索是绕自己缠绕着，就像绳索绕着木桩一样，所以摩擦力大了很多。研究一下结里的众多弯曲折叠就很容易确定这一点。绳子折叠越多，或者说绳子绕自己缠绕的次数越多，它的绕转角就越大，这个结就会越牢。

缝衣工人在钉纽扣的时候，也在不自觉地使用这个方法。他把线头绕许多圈，然后把线扯断。这样，只要线足够牢固，纽扣就不会掉落下来。这里应用的也是我们所熟悉的定律：线的圈数按照算术级数增加，纽扣的牢固程度按照几何级数递增。

要是没有摩擦的话，我们就不能使用纽扣了：线在纽扣重力的作用下会松动开来，纽扣也就会脱落了。

## 2.8　如果没有了摩擦

　　大家已经看到，摩擦在我们周围总是以不同的方式出现，并且经常是出人意料的，甚至在我们完全没有想到的地方，它也会起着极其重要的作用。如果摩擦突然从我们的世界消失了，很多平常的现象就会呈现出另外一番模样了。

　　法国物理学家纪尧姆对摩擦现象进行了十分生动的描述：

　　　　我们都有过走在结冰道路上的经历。为了站稳不摔倒，我们使出了多少力气，做出了多少可笑的动作！这就使我们不得不承认：我们平常行走的地面，具有一种多么宝贵的品质，它使得我们不费力气就能保持平衡了。当我们骑着自行车在很滑的路上滑倒的时候，或是马儿在柏油路上摔倒的时候，我们也会有同样的想法。研究这些平常现象，我们就会发现摩擦给我们带来的好处了。工程师设法消除机器上的摩擦，取得了很好的成绩。在应用力学中，摩擦常被看做是一种很不好的现象，这是正确的，不过只是在极小的范围内。而在其他很多情况下，我们得感谢摩擦的存在：它让我们安心地坐立行走和工作，它使书和墨水不会掉落到地板上，使桌子不会滑向墙角，使钢笔不会从指间滑落。

　　　　摩擦是一种如此常见的现象，以至于我们除了在特殊情况下，平常是不会想着用它来帮忙的，因为它自己就会出现。

　　　　摩擦能够促进稳定。木工将地板刨平，使桌椅待在人们想放的地方。放在桌子上的杯盘碟子，如果不是位于摇晃的轮船中，我们就不用担心它们会离开桌面。

　　　　我们设想一下摩擦被完全消除的情景吧。那时候任何物体，不论是大石块还是小沙粒，就再也不会互相支撑了：所有的东西都会滑落，滚动，直到达到一个平面为止。没有了摩擦，地球就成了一个没有高低起伏的圆球，像个流体一般了。

还可以补充一点，如果没有了摩擦，铁钉和螺钉就会从墙上脱落下来，我们的手也拿不住任何东西，任何建筑物都不能建造起来；旋风起了就永远不会停息；我们也会听到不断的回音，因为它们从墙上反射回来的时候一点也没有被削弱。

结冰的道路每次都能使我们清楚地看到摩擦的重要性。街上结冰的时候，我们通常会不知所措，随时都会滑倒。

以下是 1927 年 10 月一份报纸上的片段：

伦敦 21 日消息，由于地面严重结冰，伦敦的街车和电车运输遭遇极大的困难；由于手脚摔坏而进医院的人大约有 1400 人。

海德公园附近，三辆汽车与两辆电车相撞，由于汽油爆炸，车辆全部烧毁。

巴黎 21 日消息，巴黎及其近郊的道路结冰导致众多的不幸事件发生……

不过冰面上微弱的摩擦力却可以加以技术上的利用，普通的雪橇就是一个极好的例子。更好的例子是所谓的冰路，可以用来把树木从砍伐的地方运到铁道或者浮送站去。在平滑的冰路上，两匹马就可以拉动装有 70 吨木材的雪橇（图 22）。

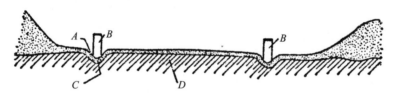

图22　上：冰路上载满木材的雪橇。两匹马可以拉动70吨。
下：冰路：A——车辙；B——滑木；C——压紧了的雪；D——路上的土基。

## 2.9 "切柳斯金"号事故的物理原因

我们不能从上述内容匆忙得出这样的结论，认为冰上的摩擦力在任何时候都微不足道。有时候在温度接近0℃的时候，冰面的摩擦常常也会非常大。破冰船工作人员曾经仔细研究了北极海面上的冰和轮船钢壳之间的摩擦力。结果发现，这种摩擦力非常大，并不比铁和铁之间的摩擦力小。冰对轮船的钢壳的摩擦系数是0.2。

为了搞清楚这个数字对于行驶在冰上的轮船的影响，我们来看图 23。这幅图画的是，在冰块的压力下，船舷 MN 受到的来自各个方向的力。冰的压力 P 可以分解为两个力：与船舷垂直的力 R 和与船舷相切的力 F。P 和 R 之间的角等于船舷对竖直线的倾斜角 α。冰对船舷的摩擦力 Q 等于力 R 乘以摩擦系数 0.2，也就是 Q=0.2R。如果摩擦力 Q 比 F 小，力 F 就会把压在船身上的冰推到水里去，这时候冰就会沿着船舷滑动，但不会损坏船体。但是如果力 Q 比 F 大，摩擦就会妨碍冰块的滑动，使得冰块长期压在船舷上，以至于把船舷压坏。

那么什么时候 $Q < F$ 呢？很容易看出，$F=R\tan\alpha$，所以 $Q < R\tan\alpha$。又因为 $Q=0.2R$，所以不等式 $Q < F$ 可以转化为：

$0.2R < R\tan\alpha$ 或者 $R\tan\alpha > 0.2R$。

从三角函数表可以查出，正切函数为 0.2 的角是 11°。这就是说，当 α 大于 11° 的时候，$Q < F$。由上述内容可以确定，船舷对竖直线的倾斜度应该是多大的时候，才能保证船在冰块间航行而不至于破碎。这个倾斜度应当不小于 11°。

我们现在来分析"切柳斯金"号轮船的沉没情况。它实际上是一艘轮船，不是破冰船。它在北海的全部航路上都很安全，但是在白令海峡却被冰块挤破了。

冰块把"切柳斯金"号带到了北方，并于 1934 年 2 月将其毁坏了。大家都知道，船上的水手们在冰上等待了整整两个月，然后才被飞行员救了出来。

下面是关于这次事故的描述：

> 坚固的船身并不是一下子就被压破的——远征队长在无线电里报告说——我们看到冰块如何挤压在船舷上，以及露在冰块上的船壳的铁板向外膨胀并弯曲。冰块不断涌向船，这种进攻虽然很慢，但却是无法防御的。胀起来的船壳的铁板沿着铆缝裂了开来，铆钉噼噼啪啪

图 23　上：在冰上失事的"切柳斯金"号轮船。
下：在冰的压力下，作用在船舷 $MN$ 上的几个力。

飞走了。一瞬间，轮船的左舷从前舱到甲板的末端完全撕裂了……

了解了这一章节所讲解的内容之后，读者应当能明白事故发生的物理原理了。

我们由此也能得出一个很有用的结论：在建造用于冰面航行的轮船的时候，必须使船舷有一定的倾斜度，这个倾斜度不应当小于 11°。

## 2.10 会自动调整平衡的木棍

如图 24 所示，将一根光滑的木棍放在分开的两手食指上，现在相向移动两个手指，直到它们挨到一起为止。

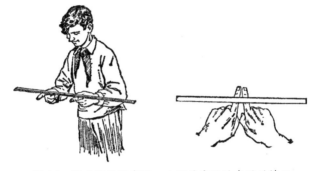

图 24 用直尺做的实验。右图是实验结束时的情况。

非常奇怪的是，当两个手指挨在一起的时候，木棍并没有掉下来，而是依旧保持着平衡。大家可以不断改变手指所处的原始位置，多次进行实验，结果都不会变：木棍都是平衡的。将木棍改成画图用的直尺、有杖头的手杖、台球杆或者擦地板的刷子，结果都是一样的。

这一出人意料的结果的奥秘在哪里呢？

首先应当明白一点：一旦木棍平衡在两个合并在一起的手指上的时候，两个手指显然是位于木棍的重心处（如果从重心引出的一条垂直线能够通过支持物的范围，那么这个物体就处于平衡状态）。

当两个手指分开的时候，木棍大部分重量都位于距离木棍重心较近的那个手指上。随着压力的增大，摩擦力也增大：离重心近的手指所承受的摩擦力比距离远的那个手指大，而移动的却永远是距离重心较远的那个手指。当这个移动着的手指离重心更近的时候，那就换成另一个手指来滑动了；这两个手指之间角色的变化一直持续到它们合在一起为止。由于每次移动的只是远离重心的那个手指，所以实验结束的时候，两个手指自然都位于重心位置了。

我们再用擦地板的刷子来做一次这个实验（图 25）。并且再次问这样一个问题：如果在两个手指碰在一起的地方将刷子切成两段，再把它们放在天平的两端（图 25）。哪一头会更重呢——是把柄的那一头，还是刷子的那一头？

图 25 　用擦地板的刷子做的一个实验。为什么天平不平衡呢？

表面上看来，既然刷子的两部分在手指上是位于平衡的位置的，那么它们在天平上也应当是平衡的。但事实上，刷子的那一端要重一些。这是为什么呢？不难猜到，当刷子在手指上处于平衡位置的时候，两部分的重力是加在一根杠杆的长短不等的两臂上的，但是在天平上，这两部分的重力是加在一条等臂杠杆上的两端的。

我们还可以准备一些棒，它们的重心位置各不相同。把这些棒在重心位置切成长短不同的两段，再把每根棒的两部分放在天平上，大家一定会惊奇地发现，原来短的一段总是比长的一段要重。

# 第三章　圆周运动

## 3.1　为什么旋转着的陀螺不会倒？

很多人小时候都玩过陀螺，但不一定能正确地回答这个问题。那么为什么一个垂直旋转甚至是倾斜着旋转的陀螺不会倒呢？是什么力量使它维持着这个看似不稳定的状态呢？难道是重力在它身上不起作用？

原来，这里有一种十分有趣的力与力之间的相互作用现象。陀螺理论并不简单，因此我们并不打算深入详谈。我们只研究旋转着的陀螺不会倒的原因。

图 26 中画的是一个陀螺，在按照箭头所指的方向旋转。我们注意看标有字母 A 的部分，以及对面标着 B 的部分。A 部分在离我们远去，而 B 部分正在向我们靠拢。现在试着把陀螺的轴向你自己这一侧倾倒，请注意观察这两部分的运动会有什么变化。这个倾倒的力量使得 A 部

图 26　为什么陀螺不会倒？

分向上运动，B 部分向下运动。两部分都得到一个跟自己本来的运动成直角的推力。但由于陀螺在快速旋转，它的圆周速度很大，而我们给予的那个推力产生的速度却很小。一个小速度和一个大的圆周速度结合而成的速度，自然跟这个大的圆周速度相差不大，因此陀螺的运动几乎不会发生改变。由此可知，陀螺好像是在抵抗着那个想把它推倒的力量。陀螺越大，旋转的速度越快，它就越能抵抗住试图推倒它的力量。这就是陀螺之所以能不倒的原因。

这一解释的实质跟惯性定理是直接相关联的。陀螺上的每一部分，都在一个跟旋转轴垂直的平面里沿着一个圆周转。按照惯性定律，陀螺的每

一部分随时都竭力想使自己沿着圆周的一条切线离开圆周。但是所有的切线同圆周本身都在一个平面上，因此每一部分运动的时候，都努力使自己始终停留在跟旋转轴垂直的那个平面上。由此可见，在陀螺上所有跟旋转轴垂直的那些平面也在努力维持自己的空间位置，也就是说，跟所有这些平面垂直的旋转轴本身也在努力维持着自己的方向（图 27）。

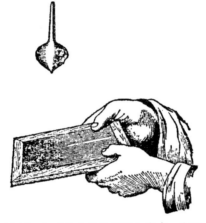

图 27　把旋转中的陀螺抛向空中，它还
能使自己的轴保持原来的方向。

　　我们不再对外力施加给陀螺的所有运动进行探讨，因为这需要十分详细的阐述，并且也会令人乏味。我只想解释为什么任何一个旋转的物体都在努力维持它们绕旋转轴的方向不变。

　　现代技术中对这一特性进行了广泛的应用。任何回转仪，比如说安装在轮船和飞机上的罗盘和陀螺仪[①]，都是根据陀螺定理来制造的。

　　陀螺似乎只不过是一个玩具，但却有如此有益的用途！

————————
[①] 旋转作用保证了炮弹和枪弹飞行的稳定性，也可以保证人造卫星、火箭等在真空中的运动的稳定性。

## 3.2　魔术

很多让人吃惊的魔术，也是基于旋转着的物体能够使旋转轴保持原来的方向这一原理。请允许我从英国物理学家约翰·培里教授的《旋转着的陀螺》一书中摘录几段：

有一次，我在伦敦辉煌的维多利亚音乐厅里，向正在喝咖啡和抽烟的观众表演了几手。我尽自己所能来吸引听众，对他们说，如果想要把一个圆环抛出去落在预先指定的地方，就应该给予圆环一种旋转运动。如果想把一顶帽子扔出去让别人能够用手杖接住，也得这么做。改变旋转着的物体的轴的方向的时候，这个物体一定会产生反抗作用的。接下来我又对我的听众说，如果将炮膛的内部磨光，炮就会瞄不准。因此，现在做的都是来复线炮膛，这就是说，在炮膛里面刻上螺纹线，使炮膛在火药的爆炸力下通过炮膛的时候得到一种旋转的运动。这样，炮弹离开炮口之后，就能正确地做一定的旋转运动前进了。

那次演讲中我能做的就只有这些，因为我既不会扔帽子，也不会

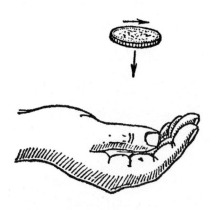
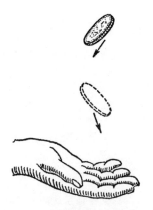

图 28　旋转着的钱币下落的情况。　　图 29　不旋转的钱币下落的情况。

耍盘子。但我讲完之后，就有两位
魔术家走上了讲台，他们演了几套
戏法。他们的每一个表演都是我刚
才讲的定律的最好例证。他们互相
抛掷旋转着的帽子、盘子、桶箍、
雨伞……一位魔术家把许多刀子抛
入空中，又灵巧地将它们接住，然
后再向上抛出去。观众们刚刚听过
这些现象的解释，所以都欢呼起来，
表示很满意。他们看到魔术家旋转
了每一把刀子，然后把它们抛上去，

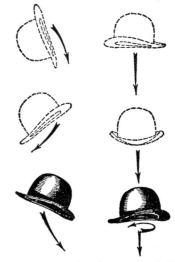

图30　旋转着抛出帽子就可容易
接住。

因为只有这样，才能够准确知道刀子会以什么样的位置回到手里来。

　　我很高兴的是，魔术家那天晚上的每一个表演，都无一例外地证
明了上述原理的正确性。

## 3.3　哥伦布问题的新解法

　　哥伦布解决自己提出的怎样把鸡蛋竖起来的方法很简单：把鸡蛋壳打
破[1]。事实上这样的方法是不正确的，因为哥伦布将鸡蛋打破之后已改变了
它的形状，竖起来的不再是鸡蛋，而是另外一种物体了。要知道这道题目
的重点就在鸡蛋的形状上：形状改变之后，我们实际上是用另一种东西来

---

[1] 需要指出的是，虽然一直有哥伦布竖鸡蛋的传说，但并没有历史根据，是摩尔
瓦把很久以前因为完全不同的动机而做过的事情，硬加在这位著名的航海家身上。
竖鸡蛋的是意大利建筑家布鲁涅勒斯奇（1377~1446），他是佛罗伦萨教堂的巨大圆
屋顶的建造者："我的圆屋顶这样坚固，就好像竖在自己尖端上的鸡蛋一样！"

代替了鸡蛋。所以，哥伦布提出的方法并没有解决鸡蛋的竖立问题。

如果利用陀螺原理的话，就可以在丝毫不改变鸡蛋形状的前提下解决这位伟大的航海家所提出的问题了。为此只需要让鸡蛋依着自己的长轴做旋转运动就可以了。这样，鸡蛋就可以以钝的一端或者甚至是尖的一端立在桌子上，直立着旋转不会倒下。图31展示的是如何来做这个实验：用手指旋转鸡蛋，放开手，鸡蛋会竖着旋转一会儿——问题解决了。

图 31　解决哥伦布的问题：鸡蛋旋转着竖立起来了。

但是，这个实验需要的是煮熟的鸡蛋。这一要求跟哥伦布问题里的条件并不矛盾。哥伦布提出问题之后，马上就从餐桌上拿了一个鸡蛋，餐桌上的鸡蛋当然不会是生的。我们未必能使生鸡蛋旋转，因为它内部的物质是液体，会阻碍鸡蛋的旋转。顺便说一下，许多家庭父母都知道用这个简单的方法来区分生鸡蛋和熟鸡蛋。

## 3.4　"消失"的重力

两千多年前的亚里士多德写过这样的话："水不会从圆周运动的容器中

泼洒出来，即便是将容器底朝天，水也不会流出来，因为圆周运动阻止了它流出来。"图 32 描述的正是这个大家都熟悉的实验：当盛水的小桶转得足够快的时候，即便将水桶底朝天，水也不会流出来。

通常人们会把这一现象解释为"离心力"的作用。离心力是一种想象出来的力，它好像是加在物体上的，物体受了它的作用，总想远离旋转轴。其实，这个力是不存在的。所谓的离心力只不过是惯性的一种表现，任何运动在惯性的作用下都可以有这样的性质。物理学中的离心力指的是，旋转着的物体拉紧缚住它的线绳或者是压在它的曲线轨道上的实在的力量，这种力量不是加在运动着的物体上的，而是加在阻碍物体做直线运动的障碍物上——线绳、转弯处的铁轨等。

我们不必理会这个意义模糊的离心力的概念，我们来研究一下水桶旋转时的现象。我们先提出这样一个问题：如果在水桶壁上凿出一个小孔，那么冲出来的那股水会向哪个方向运动？如果没有重力的话，这股水会在惯性的作用下，沿着圆周 AB 的切线 AK 冲出去（图 32）。但重力又会迫使这股水落下来，从而就形成了一条曲线（抛物线 AP）。如果圆周速度足够大，那这条曲线会落在圆周 AB 的外面。也就是说，这股水在告诉我们，如果没有水桶的阻碍作用，水在水桶旋转的时候会走什么样的路线。现在可以知道了，水并不会垂直下落，所以也就不会从水桶中泼出来。只有当桶口朝向旋转的方向的时候，水才会从水桶中流出来。

现在我们来做这样一个计算：这个实验中的水桶需要以什么样的速度做圆周运动，才能使水不往下流？这个速度应当是：圆周运动的水桶的向心加速度不比重力加速度小。这样才能使得水在冲出来时候的路线落在水桶所画的圆周外面，而水桶不论旋转到哪里，水都不会流出来。计算向心加速度的公式是：

$$W = \frac{v^2}{R} 。$$

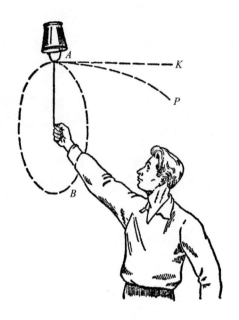

图 32 为什么水不会从旋转着的水桶里流出来?

此处的 $v$ 是指圆周速度,$R$ 是圆周半径。地球表面的重力加速度是 $g=9.8$ 米 / 秒 2,所以得到 $\frac{v^2}{R} \geqslant 9.8$,如果 $R$ 等于 70 厘米,就可以得到 $\frac{v^2}{0.7} \geqslant 9.8$,所以 $v \geqslant \sqrt{0.7 \times 9.8}$;$v \geqslant 2.6$ 米 / 秒。

很容易计算出,要得到这样大的圆周速度,我们的手将水桶每秒钟大约转 $\frac{2}{3}$ 个圈就行了。这样的速度是可以达到的,因此这个实验轻易就能成功。

液体沿着容器水平轴旋转的时候会压附在容器壁上,这种性质在技术上已经利用在所谓的离心浇铸上了。这里起主要作用的是,不均匀的液体会按照它们的比重成层地分开来。比较重的成分会落在离旋转轴较远的地方,比较轻的成分会落在离旋转轴较近的地方。这样的话,熔化金属中的气体，就会从金属中分离出来。这样铸成的铸件就会比较密实不含气泡。离心浇铸法比普通压铸法的成本低，而且不需要复杂的设备。

## 3.5　你也可以是伽利略

有的地方为喜爱强烈刺激的人准备了一种特殊的娱乐——所谓的"秋千魔术"（图33）。我没有玩过这样的秋千，所以这里从一本科学游戏集中摘抄一些关于这个游戏的描写：

在距离地面很高的地方，有一根很坚固的横贯屋子的梁，梁上挂着秋千。大家坐在秋千上之后，工作人员关上门，撤去进屋子的跳板，然后宣布说，马上就让游客们有机会来一次短期的空中旅行了，说完就开始轻轻地推动秋千。然后他自己坐在后面，像驾马车的人坐在马车后面一样，或者就干脆走出了屋子。

这时候，秋千摆动的幅度越来越大，看来似乎荡得要和横梁一样高了，最后绕着横梁转了一圈。运动越来越快，大部分荡秋千的人虽然事先知道了这种情况，但也明显感觉到了一种实实在在的摆动和快速的运动。他们似乎觉得，有时候自己的头是倒挂着的，因此都不自觉地抓住座位的扶手，免得栽倒。

不久，秋千的摆动开始减缓了，已经荡得没有横梁那么高了，过了几秒钟之后完全停了下来。

实际上，在这整个过程中，秋千本身是静止不动的，而是屋子在一种简单装置的帮助下，绕着水平轴在游客周围转动。屋子里面的各种家具，都是固定在地板上或者墙上的。一个罩着大灯罩的电灯看起来仿佛是要掉落似的，实际上也是焊接在桌子上的。那位工作人员好像曾轻轻地推了一下秋千，实际上是屋子轻轻地摆动了一下，他只不过是做了一个推的动作。整个环境都给人一种错觉。

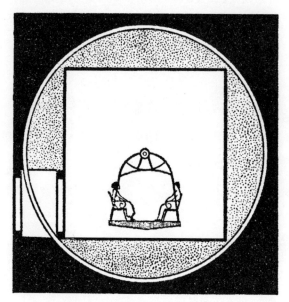

图 33 "魔术秋千"构造简图。

可见，这个错觉的奥秘简单得可笑。然而，即便是各位已经知道了事情的真相，但如果去坐"魔术秋千"的话，依然会被这假象欺骗。错觉的力量竟如此之大！

各位是否记得普希金有一首叫做《运动》的诗？

"世界上没有运动"，一个满腮胡须的哲人[①]说。

另一个哲人[②]不开口，却在他面前来回地走。

任何反驳都没有这个更有力。

人们都赞美这个巧妙的答复。

---

① 希腊哲学家芝诺（公元前 5 世纪），他说世界是不动的，因为我们有了错觉，所以好像所有的物体都在运动。
② 指狄奥根尼。

可是，先生们，这个有趣的事件，

使我想起了另外一个例子：

谁都看见太阳每天在我们头上走，

然而正确的却是固执的伽利略。

对那些不懂秋千奥秘的游客而言，你可以做一个伽利略。但你和他有一点不同：伽利略曾经证明，太阳和群星都是静止不动的，而是我们自己在旋转。你却可以证明，我们是不动的，而是整个屋子在绕着我们旋转。也许，你也会和很可悲的伽利略一样，被大家看做是一个睁着眼睛说瞎话的人，因为你们说的与常见的情况不一样。

## 3.6　我与你之间的争论

要证明你的见解的正确性，并不是想象中的那么简单。假设你也在荡"魔术秋千"，并试图说服你的邻居，说他们错了。假如说同你争辩的就是我。我和你都坐在"魔术秋千"上。等到秋千摆动起来，眼看就要开始绕着横梁画圈的时候，我们就开始辩论：究竟是秋千还是整个屋子在动？必须记住一点，整个辩论过程中我们都不能离开秋千，并且事先带好需要用的东西。

**你**：有什么可以怀疑的呢，我们就是没有动，是整个屋子在转动！要是我们的秋千真的是底朝天的话，那我们绝不会是头朝下挂着，而是会从秋千上掉下去的。但我们并没有摔倒，这就是说转动的不是秋千，而是屋子。

**我**：但不要忘了，虽然水桶底朝天了，但是水并没有从快速旋转的水桶中流出去（见"'消失'的重力"一节）。《魔环》一节中骑自行车的人也没有摔倒，虽然他也是头朝下的。

**你**：既然这样，那我们来算一下向心加速度，看看它是否能保证我们不会掉下去。知道了我们距离旋转轴的距离和每秒钟秋千旋转的圈数，我们不难根据公式算出……

**我**：计算倒是不难。"魔术秋千"的建造者早就知道我们会有这样的辩论，所以早就告诉我了，秋千旋转的圈数足够使我们自圆其说了。所以，计算解决不了我们的争论。

**你**：但是我还是没有丧失说服你的信心。看到了吧，这个水杯中的水不会流到地板上去……不过，你已经用水桶旋转的实验驳倒我了。那好，我手里有一个铅锤，它总是朝向我们的双脚，也就是向下的。如果我们在旋转，而整个屋子静止不动的话，这个铅锤就会始终朝向地板，也就是它会时而朝向我们的头那个方向，时而朝向侧面。

**我**：你错了，如果我们旋转的速度足够快，铅锤总是会顺着旋转半径从旋转轴抛出去的。也就是说，它一定会是像我们看见的那样，始终朝向我们的双脚那一个方向。

## 3.7  我们争论的结果

现在我来告诉大家，如何在这个争论中赢得胜利。应当随身携带一个弹簧秤到"魔术秋千"上去，在秤盘上放一块 1000 克重的砝码，然后观察指针的变化。指针会始终指着 1000 克这个数值。这就是秋千静止不动的证据。

事实上，如果我们和弹簧秤一起绕着轴旋转的话，那么作用在砝码上的，除了重力还有离心作用。离心作用在圆周下半圈各点上会加大砝码的重量，而在上半圈各点上则会减少它的重量。这样我们就会观察到，砝码时而轻，时而重，时而差不多没有任何重量。如果没有这种现象发生的话，就表明旋转的是整个屋子，而不是我们。

## 3.8　在"魔球"里

有一位美国企业家为公众建造了一个十分有趣且有教育意义的转盘。这是一个旋转着的球形屋子。位于这个屋子里的人会体验到一种只有在梦中或者在童话中才能有的感觉。

首先我们回想一下，一位站在转得很快的圆形平台上的人会有什么样的感觉。

旋转运动似乎是要把人向外抛出去。人站的位置离中心越远，这种感觉就越强烈。如果闭上眼睛，你会觉得不是站在平坦的地面上，而是站在一个斜面上，并且很难保持平衡。观察图34中身体所受到的力就可以明白这是为什么了。旋转运动把你的身体向外吸引，而重力则向下吸引。根据平行四边形规则把这两个力合在一起，我们就得到一个向下倾斜的合力。平台旋转得越快，这个合成的运动就越明显，倾斜度越大。

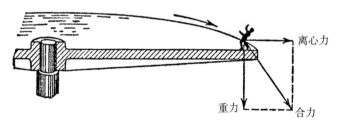

图34　人在旋转着的平台边沿的感觉。

现在设想这个平台的边沿是向上弯曲的，你站在倾斜的边沿（图35）。如果平台是静止不动的，你在这样的地方就会站不稳，会打滑或者摔倒。但如果平台是旋转的，情况就不一样了。那样的话，在一定的旋转速度下，这个倾斜平面在你看来似乎就是平坦的，因为那两个作用在你身上的力的合力所指的方向也是倾斜的，是和平台的倾斜边沿成直角的[①]。

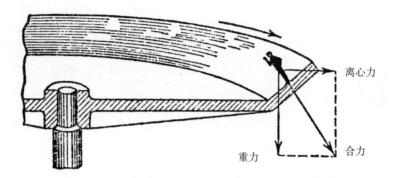

图 35 在旋转着的平台倾斜边上，人可以站得很稳。

如果这个旋转着的平台是一个曲面，它的表面在一定的速度下处处都和合力垂直，那么站在平台上任何一点的人，都会觉得自己是站在一个水平面上。数学计算可以得出，这样的曲面是一种特别的集合体——抛物体的面。如果快速旋转一个装有半杯水的玻璃杯，就可以得到这样一个平面：这时候玻璃杯边沿的水会涨起来，中心的水会低下去，水面就会呈现一个抛物面。

如果杯子里装的不是水，而是一些熔化了的蜡，不断旋转杯子，直到杯里的蜡凝固的时候，这个凝固的表面就会是一个十分精确的抛物面。在一定旋转速度下，这样的表面对重物来讲就如同一个水平面。放一个小球进去，它会停留在原来的位置，不会下落（图 36）。

现在就容易理解"魔球"的构造了。

从图 37 可以看出，这个球的底部是一个很大的旋转平台，它的表面是一个抛物面。虽然平台下面一个隐藏着的机关使得旋转运动很平稳，但是

---

① 顺便指出，也可以用这个原理来解释下列现象：为什么在铁路拐弯的地方，外侧的铁轨比里面的高一些；为什么骑自行车的人和骑摩托车的人在车道里，要向里面倾斜一些；为什么长跑的人能够沿着倾斜得很厉害的环形跑道跑步。

如果周围的物体不随着人一起转动的话，平台上的人一样会感觉头晕。为了使位于平台上的人不会感觉到自己在运动，就需要在这个旋转台外面罩上一个很大的玻璃球，并且让它跟平台旋转速度一样在转动。

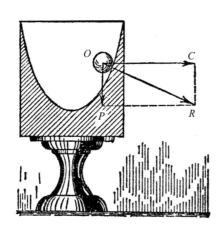
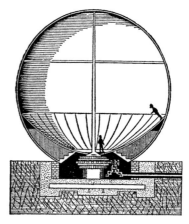

图 36　如果这个杯子旋转得足够快，小球就不会掉到杯底去。

图 37　"魔球"（剖面图）。

这个叫做"魔球"转盘的构造就是如此。如果站在这个球内部的平台上，会有什么样的感觉呢？当平台旋转的时候，不论你站在哪个位置，脚下的地面都会是水平的——不论是在台轴附近，还是在台轴边沿（45°斜坡）。在你的眼里，这个平台显然是个曲面，但肌肉的感觉却告诉你，脚下是一个平坦的地方。

这两种感觉彼此之间的差距很明显。如果你从平台的一个边沿走到另一个边沿，你就会觉得整个大球似乎跟一个肥皂泡一样轻，你的身体往哪一边移动它就往哪一边倾斜，因为在所有各点上，你都觉得自己是站在水平面上的。而那些站在平台上别处的人，在你眼里，就会显得极其不平常：你会真切地觉得，这些人像是苍蝇一般在沿着墙壁行走（图38）。

如果把水泼在这个球的地面上，水就会沿着球的曲面散开，形成薄薄的一层。球里的人会觉得，水像是自己面前的一面倾斜的墙。

图 38 左:"魔球"里面的人的实际位置。
右:"魔球"旋转时球体里面的两个人感觉到的对方的位置。

在这个奇怪的球中,一切重力定律都似乎不起作用了,我们好像是来到了一个童话般的神奇世界。

飞行员在高空以极高的速度盘旋飞行的时候也会有同样的感觉。如果他每小时的速度是 200 千米,沿着一个半径是 500 米的曲线飞行,那么,他一定会觉得地面是微斜的,成了一个 16° 的斜坡。

在德国一个城市中,为了进行科学观察,建造了一个类似的旋转实验室。这是一个圆柱形的屋子(图 39),直径 3 米,每秒钟旋转 50 圈。由于实验室的地板是平坦的,所以在它旋转的时候,靠墙的人似乎觉得屋子在向后倾斜,因此人就不得不倚靠在斜墙上(图 40)。

图 39 旋转着的实验室的实际位置。

图 40 旋转着的实验室里的人所感觉到的位置。

## 3.9　液体镜面望远镜

反射望远镜上的反射镜最佳的形状应当是抛物面，也就是液体在旋转的容器里形成的那种表面形状。望远镜的设计者们花费了很多年时间来设计这个形状。美国物理学家伍德解决了各种困难，制造了一架液体镜面望远镜：他将水银放在一个大容器里旋转，从而得到了一个理想的抛物面。由于水银有很好的反光作用，所以这个抛物面可以当做反射镜。伍德的望远镜是安装在一个不是很深的井里的。

这种望远镜唯一的缺点是，稍微有震动的话，液体镜面就会起皱，所得的像就会变形，并且水平的镜面只能观察到天顶上的星体。

## 3.10　"魔环"

大家也许对杂技场里的一种使人头晕的自行车表演并不陌生：骑自行车的人在一个环里从下到上绕一个整圈，上面一圈他不得不头朝下骑着过去。如图41所示，杂技场上有一条木质的道路，中间有一个或者几个环。演员骑着自行车顺着环前面的一段倾斜部分冲下来，然后很快地顺着环连人带车一同冲上去。他的确是头朝下走完整个圆圈，回到地面上来。

观众会觉得这个令人头晕的游戏是演员的高超技艺成就的。不明真相的观众会问自己："究竟是什么力量支撑着这位头朝下的骑车人？"一些好奇心重的人甚至会觉得这是一种错觉，因为魔术里并没有什么超自然的东西。这个魔术可以用力学的原理来解释。如果让一颗弹子顺着这条路滚过去，它也能出色地完成这出表演。在中学物理实验室中有一种小型的"魔环"可以用来做这种实验。

图 41 "魔环"。左下角是计算用的图。

为了检验"魔环"的坚固性，魔术的发明者用一个很重的球从这个环形路上滚过去，这个球的重量等于演员加上自行车的重量。如果球能顺利地滚过去，那么演员也就可以顺利地骑自行车过去。

读者们应当知道，这种奇异现象的原因和那个做圆周运动的木桶的道理是一样的（见"'消失'的重力"一节）。然而这个把戏并非每次都能成功，需要精确地计算出骑自行车的人开始发车的高度，不然的话就会出事儿。

## 3.11 杂技场里的数学

我知道，枯燥无味的公式多了就会吓到一些物理学爱好者。但是如果不从数学的角度来认识现象的话，又不能使我们预见到各种现象的过程以及所发生的条件。比如说，在"魔环"这一现象中，两三个公式就可以帮助我们精确地计算出，这个有趣的游戏需要在怎样的条件下才能顺利表演出来。

我们现在来计算一下（见图41）。

我们用下列字母来代表要计算的一些数值：

$h$ 表示骑自行车的人出发地点的高度；

$x$ 表示出发点高出"魔环"最高点的距离，从图41可以看出，$x=h-AB$；

$r$ 表示环的半径；

$m$ 表示演员和自行车加在一起的总重量，单位用 $mg$ 表示；

$g$ 表示地球重力加速度，9.8 米 / 秒 $^2$；

$v$ 表示自行车达到环的最高点的时候的速度。

我们可以用两个方程式把这些数值联系在一起。首先我们知道，自行车下滑时，在同 $B$ 点一样高的 $C$ 点处，它的速度等于演员将车骑到顶点 $B$ 的速度。第一个速度可以这样来表示：

$$v=\sqrt{2gx} \text{ 或 } v^2=2gx。$$

因此，演员在 $B$ 点的速度也等于

$$v=\sqrt{2gx}，\text{ 即 } v^2=2gx。$$

接下来，为了使演员在能够达到环的顶点并且不摔下来，需要使得这个时候的向心加速度大于重力加速度，也就是说，应当是

$$\frac{v^2}{2}>g \text{ 或 } v^2>gr。$$

我们知道，$v^2=2gx$；所以

$$2gx>gr \text{ 或者 } x>\frac{r}{2}。$$

因此，我们可以知道，为了成功地表演这个令人头晕的魔术，必须这样来建造这个"魔环"，使得它斜坡部分的最高点比环的最高点高出环的半径的 $\frac{1}{2}$ 以上。路的坡度是没有关系的，需要的只是演员出发点比环的顶点

高出环的直径的 $\frac{1}{4}$ 以上。假设环的直径是 16 米，那么演员出发点的高度就应当不低于 20 米。如果不满足这些条件，再高明的技巧都无法帮助演员走完这个"魔环"，到不了最高点的时候，他一定会掉下来。

注意：此处我们没有考虑自行车的摩擦力的影响：我们认为，$B$ 和 $C$ 两点的速度是相等的。因此，不能把道路弄得太长，斜坡也不能太平坦。如果坡度太小的话，在摩擦力的作用下，自行车在 $B$ 点的速度就会比它在 $C$ 点的时候小。

应当指出的是，在表演这个魔术的时候，车上不必装链条，演员只是在重力的作用下使车前进的，因为他不需要也不能加速或者减速。如果自行车稍微有一点点倾斜，演员都有可能会从路上滑下去，被抛出去。这个沿着环运动的速度是很大的，因为走完长度为 16 米的环需要的时间是 3 秒，就等于每小时 60 千米的速度。用这种速度骑自行车是需要一定的技术的，但也不是太难的，只需要借助于力学规律就可以了。我们从表演这种魔术的人的小册子里可以读到这样的话："只要计算准确，设备足够坚固，自行车魔术本身是没有什么危险的。这个魔术究竟是否危险，完全取决于演员本身。如果演员的手抖动了，如果他紧张了，失去了自我控制力，如果他不小心演砸了，就可能会发生事故。"

其他的飞行特技也是借助这一条定律完成的。飞机翻跟头的时候，最重要的是要使驾驶员沿着曲线准确快速地飞翔，同时要能熟练地驾驶飞机。

## 3.12　缺斤少两

一个爱打小算盘的人有一天说，他知道一种方法，不用欺诈的方法就可以少给买主分量。这个方法的秘密在于，买东西应当在赤道附近的国家进行，而卖东西应当在两极附近。人们很早就知道，与两极附近比较而言，赤道附近的东西要轻一些。将 1 千克的东西从赤道地区带到两极地区，就会增重 5 克。然而在买卖的时候，不应当使用普通的秤，应当使用弹簧秤，并且这个秤要在赤道上进行制造（刻度数）。不然的话，什么好处也捞不着：货物变重了，但砝码也跟着变重了。如果在秘鲁的某个地方买了一吨黄金，拿到西班牙去卖，那么，如果托运是免费的话，是可以赚点钱的。

我不认为这样的交易可以让一个人富裕起来，但是从本质上来说，这位打小算盘的人是对的：离赤道越远的地方，重力越大。这是因为，位于赤道地区的物体在地球自转的时候绕的是大圈，并且赤道附近的地球是凸出的。

重量减少主要是由于地球自转造成的，它使赤道附近的物体的重量比在两极的时候轻 $\frac{1}{290}$。

把一个很轻的物体从一个纬度拿到另一个纬度的重量变化是很小的。但对庞大的物体来讲，这个差别可以很大。大家也许没有想过，一艘在莫斯科重 60 吨的轮船，到了阿尔汉格尔斯克会增加 60 千克，而到达敖德萨之后会减少 60 千克。从斯匹茨卑尔根群岛每年要向南方各港口运出 300000 吨煤炭，如果将这些煤炭运到赤道上的某一个港口，那么，用从斯匹茨卑尔根带来的弹簧秤来称的话，就会发现减少了 1200 吨。一艘在阿尔汉格尔斯克重 20000 吨的战舰，到了赤道附近的海域，会减少大约 80 吨。但这并没有被觉察出来，因为相应地其他的物体也减轻了，当然，包括大洋里面的水[①]。

如果地球自转的速度比现在快的话，假设昼夜不是 24 小时，而是 4 小时的话，那么赤道地区和两极地区物体的重量差别会更大。如果一昼夜只有 4 个小时，那么在两极重 1 千克的砝码，在赤道上会只有 875 克。土星上的重力情况大致就是这样：在这颗行星的两极附近，一切物体都比它在赤道上重 $\frac{1}{6}$。

———————
[①] 顺便说一下，船只在赤道附近的水面吃水深度，仍然和两极地区的水面一样，因为虽然船只变轻了，但是被船只排开的水的重量也变轻了。

由于向心加速度跟速度的平方成正比，所以不难算出，地球要转得多快，才能使赤道上的向心加速度增加到原来的290倍，也就是增加到和地球的重力加速度相等[①]。这种情况下，自转速度应当是现在的17倍（17×17约等于290）。这样的话，物体就不会对自身的支撑物产生压力。换句话说，如果地球自转的速度是现在的17倍，那么赤道上的物体就会完全没有重量了。土星的自转速度达到目前的2.5倍的时候，就会出现这样的情况。

---

① 前面说过，物体在赤道的重量要比在两极的重量轻$\frac{1}{290}$，而这主要是由于地球的自转，这就是说，物体在赤道上所受的向心加速度，相当于重力加速度的$\frac{1}{290}$。那么，若把赤道的向心加速度加大到290倍，当然就等于重力的速度。

# 第四章　万有引力

## 4.1 引力大不大

"如果我们不是每时每刻都看见物体在坠落，它对我们来说就会是一种非常奇怪的现象。"——法国天文学家阿拉戈写道。习惯让我们觉得，地球对一切物体的吸引都是自然的、平常的现象。但当有人对我们说，物体之间其实是相互吸引的，我们也许不会相信，因为在现实生活中我们并没有注意到类似的现象。

为什么万有引力定律在我们周围的环境中常常都不会表现出来呢？为什么我们看不见桌子、西瓜以及人之间相互吸引呢？因为对不大的物体来讲，引力是非常小的，我举一个直观的例子。两个相距 2 米的人，彼此之间是相互吸引的，但是这个引力非常小：对中等重量的人而言，这个引力不到 $\frac{1}{100}$ 毫克。这就是说，这两个人之间彼此的引力大小，等于一个十万分之一克的砝码加在天平上的重量。只有科学实验室中十分灵敏的天平才能称出这样小的重量。这样的力当然不会使我们移动位置——地板和脚跟之间的摩擦力阻止了我们移动。比如说，为了使我们在地板上移动（脚跟和木质地板之间的摩擦力等于体重的 30%），需要的力量不小于 20 千克。跟这个力比起来，$\frac{1}{100}$ 毫克的引力简直小得可以忽略不计。1 毫克是 1 克的千分之一；1 克是 1 千克的千分之一；所以 $\frac{1}{100}$ 毫克只等于那个使我们能够移动位置的力量的 10 亿分之一的一半。既然这样，我们在平常条件下觉察不出地面上各种物体之间相互的引力又有什么奇怪的呢？

如果没有了摩擦，事情就是另外的情形了：那时候就没有任何东西会阻碍微小的引力将物体之间拉近了。不过在 $\frac{1}{100}$ 毫克的引力下，两个人接近的速度是非常小的。可以算出，在没有摩擦的时候，距离两米的两个人，在第一小时之内会彼此相向移动 3 厘米，第二小时内会移动 9 厘米，第三小时移动 15 厘米。他们的运动会越来越快，但是至少要经过 5 小时，这两个人才会紧紧地靠拢。

当摩擦不再是阻碍的时候，地面上各个物体之间的引力可以感觉出来。挂在一根绳上的重物，在地球引力的作用下，使得这根绳指向地面。但如果在这个重物的附近有一个很大的物体吸引着它，那么这根绳就会微微偏离垂直的方向，指向地球引力和这个物体引力所合成的力的方向。这种偏离现象第一次是在 1775 年观测到的。当时的科学家在一座山的两侧，测量铅锤的方向和指向星空的极的方向之间的角度大小，发现两侧的角度不一样。后来，有了一种特殊的装置，使得天平对地面上各种物体之间的引力做了更加完善的实验，才精确地确定了万有引力的大小。

质量不大的物体之间的引力几乎可以忽略不计。随着质量的增大，引力跟质量的乘积成正比。但很多人常常夸大这个引力。有一位科学家，不是物理学家，而是动物学家，试图让我相信，两艘海轮之间的相互吸引力是可以看得见的，也是由万有引力引起的。可以简单计算出此处的引力很小：两艘重量都为 25000 吨的大船，在相距 100 米的时候的引力只有 400 克。显然，这个引力还不足以使两艘大船发生任何位置上的变化。大船之间引力的真正原因我们在后面讲液体和气体的性质的时候会再讲。

但是质量惊人的天体之间的引力确实可观。甚至是那颗距离我们极其遥远的行星海王星，它几乎是在太阳系的边缘慢慢地旋转，但也能使地球感受到 1800 万吨的引力。虽然太阳与我们相距遥远，但是也是由于引力的作用，地球才能继续在自己的轨道上运转。如果太阳对地球的引力突然消失了，地球就会沿着轨道的切线飞入无边无际的宇宙空间去，再也不会回头（图 42）。

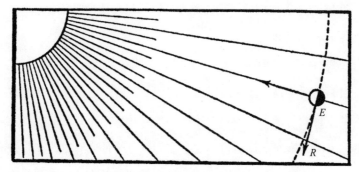

图 42    太阳的引力使地球 E 的路线发生弯曲。由于惯性作用，
地球力图沿着切线 ER 飞出去。

## 4.2  从地球到太阳的一条钢绳

假设太阳的强大引力由于某种原因真的消失了，地球就将面临一个悲惨的命运：飞入那遥远寒冷幽暗的宇宙中去。这里需要有幻想的能力，如果工程师们决定用链条来替代那些看不见的引力链条，或者说，他们想用结实的钢绳把太阳和地球连接起来，使地球停留在圆形的轨道上绕着太阳运转。确实是，有什么东西能比每平方毫米能经受住 100 千克拉力的钢绳更坚固的呢？假设有一条直径是 5 公里的大钢柱，它的切面是 20000000 平方米。因此需要重 2000000000000 吨重的物体才能把这根柱子拉断。我们继续来设想，这根钢绳从地球牵到了太阳，将这两个星体连接了起来。大家是否知道，需要多少根这样的强大的钢绳才能将地球固定在它的轨道上？需要两百万根！为了直观地看到这一个分布在大洋和大陆上的钢铁森林究竟是个什么样子，我再补充一点：假设所有的钢柱都均匀地分布在面向太阳的那半个地球表面，相邻的钢柱之间的空隙，只比钢柱本身略微宽一些。这样大的一座钢铁森林，需要多大的力量才能拉断！由此可见，太阳和地球之间的看不见的引力有多大！

但这样一个巨大的力量，只是使地球的轨迹发生了弯曲，使它每秒钟离开切线 3 毫米。因此，我们地球的轨迹就成了一个封闭的椭圆形。难道这不是一件令人吃惊的事情吗：为了使地球每秒钟偏离 3 毫米的距离，需要这么大的力量！这也可以说明地球的质量是多么的大，即便是这样的力量都只能使它发生一点点的位移。

## 4.3 是否能躲开万有引力？

我们现在来设想这样的情景：地球与太阳之间的相互引力消失了，它们之间不再有看不见的引力钢绳了，地球就会飞入宇宙无尽的空间中去。现在我们来设想另一个问题。如果没有了重力，地球上的物体会发生什么变化？那时候就没有任何力量将它们吸附在地球上了，只需要稍微触动一下，这些物体就会进入到星际空间中去。事实上，就算没有触动，地球的自转就会把一切跟地球表面没有牢固联系的东西抛到太空中去。

英国作家威尔斯就是利用这样的想法写了一本月球旅行的幻想小说，在这本叫做《第一批登上月球的人》的作品中，这位机敏的作家给出了一个极其独特的从一个星球到另一个星球的旅行办法。这个办法就是：小说的主人公科学家，发明了一种具有奇特功能的物质，这种物质能够阻止万有引力。如果在一个物体的下面涂上一层这种物质，它就能摆脱地球的引力，而受到其他物体的引力，这种物质被威尔斯称作"凯弗利特"，是用那个假想的发明人的名字凯弗尔来命名的。

"我们知道"，这位小说家写道：万有引力或者说重力是可以穿透一切物体的。大家可以设置一种障碍来阻断光线，使它不再照射物体；可以利用金属片来保护物体，使无线电波无法到达。但是找不到一种物质来保护物体不受太阳或者地球万有引力的影响。为什么自然中没有这样的障碍物，这很难说清楚。但是凯弗尔知道为什么没有那种使万有引力无法穿透的物质。他认为自己有能力制造一种不会被万有引力穿透的物质。

每一个稍微有点想象力的人，都可以想象得出，有了这样一种物质，我们就会有无限的可能性。如果，假设，需要举起某个重物，不论它有多么重，我们只需要在它下面涂上一层这样的物质就可以了——就能像举起一根稻草那样举起这个重物。

有了这样的物质之后，我们的小说主人公们制造了一个飞行器，这样就可以飞到月球了。这个飞行器的构造并不复杂：它内部没有任何发动装置，因为它是利用天体之间的引力来工作的。

下面是对这个想象中的飞行器的描述：

设想有这样一个球形的装置，它足够装下两个人和他们的行李。这个飞行器有内外两层：里层是厚玻璃做的，外层是钢制的。可以带上压缩空气，浓缩食品和做蒸馏水用的仪器等。整个钢制外壳都涂上一层"凯弗利特"。内部玻璃层除了舱门之外，都密实无缝。钢制外壳是一块块拼起来的，每一块都可以像窗帘一样卷起来，这用特制的弹簧就能制造出来。窗帘可以在玻璃层里面通过白金导线用电流卷起或者放下。但这都是些技术细节。重要的是，飞行器的外层都是用窗户和"凯弗利特"做成的。当全部窗帘都放下来遮得极其密实的时候，不论是光线，还是某种辐射或者万有引力都不能进入到飞行器内部。但是想象有这样一种情况：有一扇窗户卷起来了。这个时候，远处任何一个正好对着这个窗口的大物体，都会把我们吸引过去。这样，我们实际上是在宇宙空间随意地旅行，一会儿让这个天体吸引我们，一会儿让另一个天体吸引我们，这样，我们就能想上哪儿就上哪儿。

## 4.4 威尔斯小说中的主人公是怎样飞上月球的?

小说家对这个星际旅行工具从地面出发的情形描写得很生动,飞行器外壳上涂的那层"凯弗利特"使得它好像没有了重量。我们知道,没有重量的物体是无法停留在空气海洋的底层的:它会向湖底的软木塞浮出水面一样,这个没有重量的飞行器很快就被地球自转的惯性抛到大气海洋的上层去了。它到了大气的边界之后,就会自由地继续在宇宙空间航行。小说中的主人们就是这样飞走的。到达宇宙空间之后,他们会时而打开这些窗户,时而打开那些窗户,使飞行器内部一会儿受到太阳的引力,一会儿受到地球或者月亮的引力,结果他们就来到了月球表面。后来,这些旅行家中的一个人,又乘坐这个飞行器回到了地球。

我们不打算在此仔细分析威尔斯的见解,我会在另外一本叫做《行星际的旅行》的书中再讲。现在我们暂且相信这位聪明的小说作者,并且跟随他的主人公们到月球上去。

## 4.5 月球上的半小时

我们现在来看看,威尔斯小说中的主人公们到达月球之后的感觉怎么样,要知道月球上的重力比地球上小得多。

这就是《第一批登上月球的人》中最有趣的几段话(省略了不太重要的部分)。这是一位刚到过月球的地球上的居民代表的话:

我打开了飞行器的舱门,跪着把上身伸出舱外:在离我的头三英尺远的地方,有一片从来没有人踏过的月亮上的雪。

凯弗尔用被褥裹着身体,坐在舱边上,开始小心地把双脚放下去。

当脚距离月球表面半英尺高的时候，他迟疑了一下，最后还是到了这个月球的地面上。

我隔着玻璃外壳看着他。走了几步之后，他停了一分钟，向四周看了看，然后下定决心向前跳去。

玻璃歪曲了他的动作，但我觉得，这实际上是幅度很大的跳跃。凯弗尔一下子就到了距离我6~10米远的地方。他站在岩石上向我做手势，好像他还在喊叫，但是我听不见……不过，他是如何跳这么远的呢？

我迷惑不解，我也爬出舱口，跳了下去，到了雪地的边缘。走了几步之后，我也开始跳着前进了。

我觉得我像是在飞，很快就到了凯弗尔站着等我的那块石头附近，抓住石头，我感到一阵恐惧。

凯弗尔弯着腰，大声对我喊叫，让我小心些。我也忘记了一点：月球上的重力比地球上要弱几倍。是现实情况提醒了我这一点。

我控制住自己的动作，小心地爬到了岩石顶上。我好像是患了风湿的病人，慢慢地走去，走到阳光下，和凯弗尔站在一起，我们的飞行器还在那正在融化的雪地上，离我们大约有30英尺。

"你看！"——我转过身对凯弗尔说。

但凯弗尔不见了。

有那么一瞬的时间，我被这个意外情况震惊了，站在原地没动。然后，我试着向岩石后面看去，快速向前走去，完全忘了我是在月球上。我在地球上走1米的力量，使我在月球上走出了6米远，我出现在岩石边沿5米距离的地方。

我感觉到了一种梦中才有的落入深渊的感觉。一个在地球上的人，如果摔倒的话，在第一秒的时间内会下落5米，但在月球上只会下落

80 厘米。这就是我轻轻地向下平稳飘了 9 米左右的原因。我好像在不停地下落，这个过程持续了 3 秒钟。我在空中飘着，像羽毛一样平稳地往下落，落到了那岩石嶙峋的山谷，膝盖都没在雪地里了。

"凯弗尔！"——我环顾四周，大声喊叫着。但没有看见他的任何踪迹。

"凯弗尔！"我更大声地喊着。

突然我看见了他：他微笑着向我招手。他站在距离我大约 20 米远的一个光秃秃的峭壁上。我听不见他的声音，但懂得他手势的意义：他让我跳到他那里去。

我有些犹豫：我们之间的距离在我看来实在太远了。但突然我就意识到，既然凯弗尔能跳那么远，我也能。

迈开脚步，我用尽全力跳了起来。我像箭一般飞入了空中，似乎再也落不下来。这是一次奇妙的飞行，像是在梦中一样神奇。但同时我又感觉到十分愉快。

我跳的力度似乎是大了一些，一下子就飞过了凯弗尔的头顶。

## 4.6　月球上的射击

苏联科学家齐奥尔科夫斯基写过一本叫做《在月球上》的小说，接下来这个故事就是来自这本书，它可以帮助我们理解重力作用下的运动条件。地球上的大气阻碍着它里面的物体的运动，由此使得原本简单的物体坠落定律，因为有了很多附加条件而变得复杂。月球上是完全没有大气的。如果我们可以到月球上做科学实验的话，月球就会是一个研究物体下落的极佳的实验室。

我们现在来看这篇小说中的故事，故事中有两个人在交谈，他们都在月球上，正在研究从枪里打出的子弹会怎样运动。

"但是，火药在这儿能起作用吗？"

"爆炸物在真空中的威力甚至比在空气里更大，因为空气会阻碍火药的爆炸；至于氧气，那是完全用不着的，因为火药中本身所含的氧气已经足够了。"

"我们把枪口朝上，这样子弹射出去之后就可以在附近找到……"

一道火光，微弱的声音，以及土壤的微微颤动。

"枪塞在哪儿？它应该就在附近。"

"枪塞是跟子弹一起飞出去的，它不会落在子弹的后面，因为地球上有大气阻碍着它和子弹一起飞走，但是在这里，就是羽毛落下的速度，也和石头是一样的。你拿一片小羽毛出来，我拿一个小铁球，你能够像我一样方便地用羽毛击中一个目标，哪怕这个目标很远。由于重力很小，所以我能把小球掷到 400 米远的地方。你也能将羽毛投掷得那么远 。当然，你的羽毛不会破坏任何东西，甚至投掷的时候你也感觉不到你是在扔东西。我们两个人的力气差不多，让我们用尽全力把手中的东西投向同一个目标吧，那块红色的花岗岩吧……"

结果羽毛就像被强烈的旋风吹着一样，竟然在铁球前面一点。

"这是怎么一回事？从开枪到现在已经过去三分钟了，子弹还没有掉下来！"

"再等两分钟吧，它应该很快就回来了。"

果然，两分钟之后，我们感到地面有微微的颤动，同时在不远的地方，看到了正在跳动着的枪塞。

"子弹飞的时间可够长。它能飞得多高呢？"

"70 千米。因为这里的重力小，没有空气阻力，所以子弹能飞这么高。"

　　我们来检验一下。如果子弹脱离枪口的时候的速度是每秒钟500米，那么，在地球上没有空气的时候，这颗子弹的上升高度是：

$$h= \frac{r^2}{2g} = \frac{500^2}{2 \times 10} = 12500 \text{ 米。}$$

　　也就是12.5千米。但是月球上的重力只有地球的 $\frac{1}{6}$，所以 $g$ 也应当只有 $\frac{10}{6}$ 米 / 秒 $^2$。所以，子弹在月球上可以飞的高度是：

$$12.5 \times 6 = 75 \text{ 千米。}$$

## 4.7　无底洞

　　关于地球内核部分是由什么物质组成的，现在人们知道得还很少。有人认为，在几百千米厚的坚硬的地壳下面，应当是炽热的液态物体。有人认为，整个地球一直到中心都是凝固的。要解决这个问题并不简单：要知道现在最深的矿井也只有7.5千米，人迹能到的矿井只有3.3千米（南非洲有一个金矿，矿井口高出海平面1600米，也就是说，从海平面算起，这个井深1700米），而地球的半径是6400千米。如果能沿着地球的直径凿一个洞，将地球凿穿，那么类似的问题就能得到解决。现代科学还不能使我们完成这样的任务——虽然现在地球上所有井的深度之和已经超过了地球的直径。关于通过地球钻地道的事情，18世纪的数学家莫佩尔蒂和哲学家伏尔泰也都梦想过。法国天文学家弗拉马里翁曾经重提过这个计划，我们把他设计的关于这个计划的图纸复制在此。

　　当然，还没有做过类似的事情。但是我们可以利用想象的无底洞来做一个有趣的实验。假如你掉进了一个无底洞（暂时忽略空气阻力），你会发生什么事情？你不会掉到洞底去，因为没有洞底——那你会停在哪里呢？停在

图43　如果沿着地球的直径钻个洞……。

地球的中心？不是。

当你落到地球中心的时候，你的身体会获得一个很大的速度（差不多每秒钟8千米），使得你根本无法在这一点停留。你会不断地向下飞去，运动速度慢慢减小，直到你到达洞的另一侧边缘。你这时候应当紧紧地抓住洞的边缘，否则你又会重新落到洞里去，再来一次穿越洞的旅行。如果你没来得及抓住什么东西的话，你就会没完没了地在洞里来回摆动。力学原理告诉我们，在这种情况下，物体应当不停地来回摆动（不把空气阻力计算在内）①。

那么，这样穿洞一次，需要多长时间呢？整个路程来回大约需要84分24秒（图44）。

佛兰马里翁继续说：

这种情况的发生，是在这个洞沿着地球的一极向另一极掘出的时候。但是如果我们把出发点改在其他纬度上，比如说欧洲、非洲或者大洋洲，那么就得把地球自转的影响考虑进去。我们知道，赤道上每一点每秒钟的速度是465米，而巴黎则是每秒钟300

图44　物体掉进穿过地心的洞以后，就会不停地从洞的一端到另一端来回摆动。每一个来回的时间是1小时24分钟。

① 如果有空气阻力的话，这种来回的摆动就会逐渐减弱，最后人会停留在地球的中心。

米。因为随着距离地球自转轴距离的增加，圆周速度越大，所以扔进洞里的小铅球不会笔直地往下落，而是会略微向东偏移。如果在赤道上凿这样的无底洞的话，那么它的直径就应当很大，因为它会十分倾斜，并且从地球表面掉落的物体，会远离地心偏向东方。

如果这个洞的入口在南美洲的一个高原上，假设这个高原的高度是 2000 米，洞口就应当是在海洋上，那个不小心落进南美洲一端洞口的人，在到达对面洞口时的速度，一定可以使他在出洞后再往上飞 2000 米。

如果这个洞的两个洞口都需要在海面上，那么穿越洞的人在洞口的速度就会是零。在前一种情况下，我们就应当小心，不要和那位飞速前进的旅行家在洞口撞上了。

## 4.8　一条童话中的道路

从前，圣彼得堡发行过一本书名很奇怪的小册子，叫做《圣彼得堡与莫斯科之间的自动地下铁路。一本只写了三章，待续未完的幻想小说》。这本小册子的作者提出了一个很聪明的规划，凡是对物理学中奇怪现象感兴趣的人，都对此很好奇。

他的计划是，挖掘一条恰好长 600 千米的隧道，把俄国新旧两个首都用一条笔直的地下通道连接起来。这样，人们就可以在笔直的道路上行走，而不用走弯路了，这将是人类第一次这样做（作者是想说，我们的道路都是沿着弯曲的地面建筑而成的，都是呈弧形的，而它设计的道路是笔直的，是沿着一条弦的）。

如果真能造出这样一条隧道的话，这条隧道将会拥有世界上任何一条道路都没有的特性。这个特性就是：任何车辆在这样的道路上都能自己行动。大家回想一下我们说的穿越地心的无底洞。圣彼得堡到莫斯科的这条通道，也是一个无底洞，只不过它不是沿着地球的直径，而是沿着一条弦开掘的。当然，看看图45可能会觉得，这个隧道是水平的，火车一定不能利用重力在里面行驶。但这是错觉。大家可以想象着朝向隧道的两端画两条地球半径（半径方向是垂直的），这时候就会明白，隧道不是和垂直线呈直角，而是倾斜的。

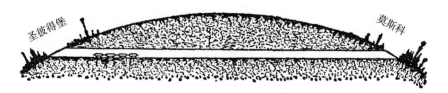

图 45　如果在圣彼得堡和莫斯科之间挖一条隧道，
那么火车不需要火车头，靠自身的重量就可以在里面来回行驶。

　　在这样的倾斜的隧道里，任何物体都可以在重力的作用下来回移动，并且总是紧贴隧道底部。如果隧道里有铁轨，那么火车就会在里面滑行，车身的重量可以取代火车头成为牵引力。开始的时候，火车会行驶得比较慢。但接下来火车的速度会越来越大，不久速度就快到难以想象，最后隧道里的空气会明显地阻碍火车的运动。现在我们暂且不考虑空气的阻力，继续研究火车的运动。火车接近隧道中点的时候，速度会极大——比炮弹还要快几倍！这样的速度差不多可以使火车一直到达隧道的另一端。如果没有摩擦力的话，"差不多"三个字也用不着了，火车不需要火车头，也会自己从圣彼得堡开到莫斯科。

　　火车走一趟需要的时间，和物体穿过沿着地球直径开掘的无底洞需要的时间一样：42分12秒。这一点非常奇怪：时间的长短居然和隧道的长短没有关系。从圣彼得堡到莫斯科，从莫斯科到海参崴，从莫斯科到墨尔本，需要的时间都是一样的 [①]。

任何其他的车辆——摇车、马车和汽车等——需要的时间都是一样的。这种童话般的道路并不是像童话中所说那样自己会移动，但是所有的交通工具都可以在它上面飞驰，用难以想象的速度从一端驶向另一端！

## 4.9 怎样挖掘隧道？

图 46 展示的是三种挖掘隧道的方法。请问，哪一条隧道是水平掘出来的？

不是上面的一条，也不是下面的一条，而是中间沿着弧线挖掘的那一条。这条弧线上的所有点都跟垂直线（或者地球的半径）成直角。这是一条水平的隧道，因为它的曲率和地面完全符合。

大型的隧道通常都是按照图 46 的方式建造的：沿着与隧道两端与地面相切的两条直线延伸的。这样的隧道，在开始的时候微微向上隆起，然后稍微向下倾斜。这样做的好处是使隧道里不积水，水会自己流出洞口。

如果隧道是严格按照水平方向建造的，那么长的隧道就会是弧形。隧道里面的水也不会外流，因为隧道里面每一处的水都处于平衡状态。如果这样的隧道超过 15 千米（瑞士辛普伦隧道长 20 千米），那么站在隧道的一端的入口是无法看见另一端的：隧道顶端遮住了人们的视线，因为这种隧道的中点比它的两端要高出至少 4 米。

---

① 还有一个跟无底洞相关的奇怪现象：物体在无底洞里往返需要的时间，跟行星的大小无关，只跟密度有关。

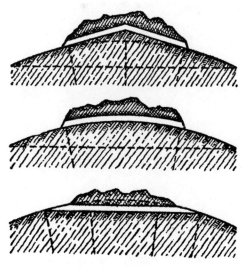

图46 三种通过山体开掘隧道的方法。

最后，如果沿着直线开掘隧道，那么这条隧道就会从两端向中点倾斜。水不但不会从隧道里面流出来，相反，会汇集到隧道中间最矮的部分。但是，站在隧道的一端就可以看见另一端。附图中可以明显地看出上述所讲内容[1]。

---

[1] 从上述内容可以看出，一切水平线都是弯曲的，笔直的水平线是没有的。但是，垂直线却总是直的。

# 第五章　乘着炮弹去旅行

在结束运动和引力定律讲述之前，我们来研究一下去月球的幻想旅行，这在儒勒·凡尔纳的小说《从地球到月球》和《球游月球》中有十分精彩的描写。大家一定还记得，随着北美战争的结束，巴尔的摩大炮俱乐部的成员们没事可干，于是决定铸造一门大炮，使炮弹能装进一颗极大的、里面能坐得下乘客的空心炮弹，用大炮将这个炮弹车厢发射到月球上去。

这个想法是不是有些荒诞呢？但首先，能不能给予一个物体那样的速度，使得它离开地球表面之后就不再回来呢？

## 5.1　牛顿山

现在我们先引述万有引力发现者牛顿的几句话。他在自己的《自然哲学的数学原理》中写道（为了通俗易懂，我们此处意译了原文）：

投掷出去的石块在重力的作用下，偏离了直线方向，划了一条曲线掉落到地球上。如果石块投掷出去的速度大一些，它就会飞得远一些。所以有可能发生这种情况：石块沿着一条长达十英里、一百英里、一千英里的弧线飞，甚至飞出地球的边界再也不回来。假设图 47 中 AFB 表示地球表面，C 表示地心，而 UD，UE，UF，UG 表示从很高的山顶向水平方向投掷出的物体在速度递增的情况下的运动曲线。我们将大气的阻力忽略不计，也就是说，假设大气完全不存在。速度最小的时候物体运动曲线是 UD，速度再大些的时候为曲线 UE，速度更大的时候为 UF，UG。在一定的速度下，物体就会环绕整个地球一周，然后回到投掷的山顶。因为物体回到出发点的时候的速度并不比投掷出去的速度小，所以这个物体会沿着相同的曲线继续飞翔。

如果这座山顶有一门大炮，那么从炮里射出的炮弹，在速度达到一定大小的时候，就不会再掉回地球，而是绕着地球不停地旋转。通过并不复

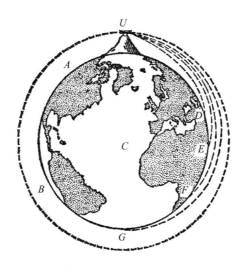

图 47　在高山顶上用极大的速度向水平方
向投掷的石头，应当怎样下落。

杂的计算就可以知道，所需要的速度是每秒大约 8 千米。换句话说，从炮
口射出去的炮弹，如果速度是每秒 8 千米的话，它就会离开地球表面，成
为地球的一颗卫星。这颗卫星的速度是赤道上任何一点的 17 倍，绕地球一
周需要 1 小时 24 分钟。如果这枚炮弹的速度再大一些，那么它绕地球的路
线就不再会是一个圆，而会是拉长了一些的椭圆，并且会距离地球很远。
这种情况下的炮弹初速度需要达到每秒 11 千米（我们此时讨论的是炮弹在
真空中而不是在空气中运动）。

　　现在我们来分析使用儒勒·凡尔纳提供的工具能否飞到月球上去。现
代的大炮射出的炮弹在第一秒钟的速度不会超过 2 千米。这个速度只是物
体能够飞到月球所需要的初速度的 $\frac{1}{5}$。但是小说中的主人公们认为，只要
他们铸造一门极大的大炮，再装上火药，就可以得到很大的速度，可以把
炮弹射到月球上去。

## 5.2 幻想的炮弹

于是大炮俱乐部的成员们就铸造了一尊大炮，大炮长 250 米，垂直埋在地下。接着又铸造了大小相当的炮弹，里面有客舱，总重 8 吨。炮里装上火药——火棉——160 吨。如果相信小说家的话，火药爆炸之后，炮弹的速度是每秒钟 16 千米，但由于有空气摩擦，于是这个速度减小到每秒钟 11 千米。这样，儒勒·凡尔纳的炮弹就飞出了大气边界，并获得了可以到达月球的速度。

这是小说中描述的情景。那么物理学上怎么说呢？

儒勒·凡尔纳的设计中站不住脚的地方，通常不是读者容易产生怀疑的地方。首先，可以证明，使用火药的大炮永远不能赋予炮弹大于每秒钟 3 千米的速度（这一点在《行星际的旅行》一书中有讲解）。

此外，儒勒·凡尔纳并没有考虑到空气的阻力。这个阻力在炮弹直径如此大的情况下，可能会大大甚至完全改变炮弹的飞行路线。另外，这个乘着炮弹飞向月球的计划，还有很严重的破绽。

最主要的危险还是对乘客而言。大家不要以为，这个危险是在从地球飞向月球的时候。假如乘客们能安全离开炮口，那么在以后的旅途中其实一点危险也不会有。乘客们坐在车厢中在宇宙间奔驰，飞行的速度虽然会很大，但是不会对他们有伤害，这就像地球围绕太阳旋转的速度很快，但是地球上的居民没有一点不适。

## 5.3 沉重的帽子

对我们的旅客而言，最危险的是炮弹在炮膛里运动那百分之几秒的时间。因为在这十分微小的时间段里，乘客在炮弹中的运动速度应当从零增加到每秒钟 16 千米！难怪小说中的旅客在等待开炮的时候瑟瑟发抖呢。巴比尔根很肯定地说，在炮弹射出的时候，坐在炮弹中的旅客所面临的危险，并不比站在炮弹前面的人小，这是完全正确的。的确，在炮弹发射的时候，从客舱底部打击乘客的力量，跟在炮弹前进路上击中的任何物体受到的力量是一样大的。小说中的主人公们显然低估了这个危险，他们认为最坏也就不过是头上出点血。

实际情况是很严重的。炮弹在炮膛里是加速前进的：它的速度在火药爆发时形成的气体的不断压力下增大。在 1 秒钟的时间内，这个速度从零增大到每秒钟 16 千米。简单起见，我们假设这个速度是匀速增加的。这样，为了在这么短的时间内使炮弹的速度达到每秒钟 16 千米，需要的加速度就应达到 600 千米 / 秒$^2$（参见 5.5 节）。

我们知道，地球表面的普通重力加速度只约有 10 米 / 秒$^2$，那么这个数字的严重意义就很明了了[1]。由此可知，炮弹中的每一个物体，在炮弹发射的时候，加在舱底的压力，会是这个物体重量的 60000 倍。换句话说：旅客们会觉得比平时重了几万倍！在这样巨大的重力作用下，他们瞬间就会被压死。巴比尔根先生的那顶大礼帽在发射的一瞬间会重达 15 吨（这是一辆满载货物的火车车厢的重量）。这样的礼帽一定会把它的主人压成肉饼的。

当然，小说中也描述了如何减小撞击的办法：在炮弹里装上有弹簧的缓冲装置，在两个底之间的空隙装上盛满水的夹底。这样，撞击的时间会稍微延长一些，速度的增加也会慢一些，但是在这样大的力量的作用下，这些装置的作用太有限了。把旅客压向地板的压力也许会减小一些，但是

---

[1] 我还要补充一点，一辆竞赛用的汽车，在开始快速运动的时候，加速度也不会超过 2~3 米 / 秒$^2$，一辆平稳出站的火车，加速度不超过 1 米 / 秒$^2$。

一顶重达 14 吨或者 15 吨的礼帽不是同样会压死人吗?

## 5.4  如何减小震荡?

力学可以告诉我们如何来减缓速度的急剧增加。

如果把炮筒加长几倍就可以办到。

如果我们需要在炮弹发射的时候,使炮弹内部的"人造"重力和地球上的普通重力相等,就需要把炮身造得非常长。大致的计算显示,为此需要建造的大炮的炮身不多不少恰好是 6000 千米。换句话说,凡尔纳的"哥伦比亚"号大炮应当伸到地球内部去,一直延伸到它的正中心。这时候坐在炮弹里面的乘客才不会有任何不舒服的感觉:加在他们身上的除了普通重量之外,就只有由于速度慢慢增加而产生的极其微小的重量;他们感觉到的全部重量只会比以前增加一倍。

但是,人体在极短的时间内,是能够经受住比平时大几倍的重力而不受损害的。我们乘着雪橇从山上滑下来的时候,运动方向快速发生改变,我们的重量在这一瞬间急剧增加,也就是说,我们的身体会比平时更有力地压在雪橇上。重力增加到原来的 3 倍的时候我们不会感到不舒服。如果我们假设人在很短的时间内能够承受住自身重量几十倍的重量而不受损害的话,那么,这尊大炮炮身只需要 600 千米长就可以了。但这也没有什么值得庆幸的,因为从技术上来讲,这样的炮是无法造出来的。

就是在这样的条件下,儒勒·凡尔纳的设计才有实现的可能性——乘着炮弹去月球[①]!

---

[①] 作者在描写炮弹的内部条件的时候,有一个重要的疏忽:小说家没有考虑到,炮弹射出去之后,炮弹里面的东西在整个飞行期间会完全失重,因为引力使炮弹和炮弹里的东西得到了相同的加速度(见 7.11 节)。

## 5.5　写给数学爱好者们的题目

本书的读者中，一定会有一些人愿意自己来验证上述计算。我们再次附上这些算法。不过，这些数值都是近似的，因为我们假定炮弹在炮膛里是做匀加速度运动的（实际上加速度并非总是相等的）。

计算的时候需要用到以下两个匀加速度的公式：

在 $t$ 秒末的时候，速度 $v$ 等于 $at$，$a$ 是加速度：

$$v=at;$$

$t$ 秒内经过的距离 $S$ 可以通过以下公式计算出来：

$$S=\frac{1}{2}at^2。$$

我们先用这两个公式计算出炮弹在"哥伦比亚"号大炮炮膛里的加速度。

从小说中我们知道，大炮没有装火药的炮膛部分长 210 米。这就是大炮需要走的路程 $S$。

这样我们就可以算出最终的速度：$v=16000$ 米／秒。知道了 $S$ 和 $v$ 之后，就可以求出 $t$——炮弹在炮膛里运动的时间的大小（我们把这个运动看做是匀加速运动）。由于

$$v=at=16000,$$

那么，

$$210=S=\frac{at\cdot t}{2}=\frac{16000t}{2}=8000t,$$

可知

$$t=210／8000\approx\frac{1}{40}秒。$$

炮弹在炮膛里差不多滑行了 $\frac{1}{40}$ 秒！把 $t=\frac{1}{40}$ 代入公式 $v=at$，可以得出

$$16000=\frac{1}{40}a,$$

可以算出 $a=640000$ 米／秒 $^2$。

这就是说，炮弹在炮膛里运动的加速度是 640000 米 / 秒$^2$，这比重力加速度几乎大 64000 倍。

那么需要多长的炮膛才能够使炮弹的加速度只等于重力加速度的 10 倍，也就是 100 米 / 秒$^2$ 呢?

这就是我们刚才算法的逆运算。已知数据是：$a$=100 米 / 秒$^2$，$v$=11000 米 / 秒（在没有大气阻力的情况下可以达到这样的速度）。

从公式 $v=at$，可以得到 11000=100$t$，因此 $t$=110 秒。

从公式 $S=\frac{1}{2}at^2$ 可得，炮膛的长度应当是（11000×110）÷2=605000 米，取整数为 600 千米。

这样计算得出的数字，就可以驳倒儒勒·凡尔纳小说中诱人的计划。

# 第六章　液体和气体的性质

## 6.1　不会淹死人的海

从古代起，人们就知道世界上有一个不会淹死人的海。这就是有名的死海。死海的水很咸，因此任何生物都不能在海里生存。巴勒斯坦炎热少雨的气候使得海面的水发生着剧烈的蒸发作用。但是蒸发的只是纯水，溶解在水里的盐却还留在海里，所以海水里盐的浓度越来越大。这就是为什么死海的海水含盐量不是和大多数海洋一样只有 2%~3%（按重量计算），而是 27%，甚至更多。水越深盐度越大。这样，死海所含的物质当中，有25% 是溶解的盐。死海里盐的总含量大约有 4 千万吨。

死海海水高度的含盐量使得它有一个特点：海水比普通的海水重很多。在这样重的液体里人是不会被淹死的，因为人体比它要轻。

我们身体的重量比同体积的浓盐水轻很多，所以按照浮力规律，人在死海中是不会往下沉的，会浮在水面上，就像鸡蛋浮在盐水中一样（鸡蛋在淡水中会下沉）。

美国作家马克·吐温在游览了死海之后，用幽默的笔触描写了他和同伴在死海中游泳的非同寻常的感觉：

这是一次有趣的游泳！我们不会下沉。在这个海里，我们可以把身体完全伸直，可以把双手放在胸部，仰卧在水面。我们身体的大部分都在水面上。同时还可以完全抬起头来，人可以很舒服地仰卧着，把双手抱着两个膝盖，一直抬到下颚——不过这样很快会翻跟头，因为头部太重。还可以头顶着海水倒立起来，使自己从胸脯到脚尖这一段完全留在水面上，但不能长久地保持这一姿势。在水里不能游得很快，因为我们的双脚完全露在水面，只能用脚尖推水。如果你脸朝下游泳，那就不是向前游，而是往后了。马在死海里既不能游泳，也不能站立，因为身体太不稳定了，它一到水里，就会侧躺在海面。

图 48 中我们可以看到一个随意躺在死海海面的人。较大的海水比重使得他能够这样躺着看书，并且还能拿着伞遮挡强烈的阳光。

图 48　仰卧在死海海面的人（根据照片所画）。

卡拉博加兹戈尔（里海的一个海湾）海湾的水（海水比重为 1.18）以及含盐量达到 27% 的埃尔唐湖的水，也具有这些特别的性质。

进行盐水浴的病人，也能体验到这样的感觉。如果水的含盐量特别高——比如旧鲁萨矿水那样的话，病人就必须使用很大的力气，才能将自己的身体贴在浴盆底。我曾经听说，一位在旧鲁萨疗养的女病人，生气地抱怨道，水总是把她从浴盆里往外推。她似乎更愿意将此归咎于疗养院的管理员，而不是阿基米德原理。

不同的海洋中的海水的含盐量是不同的——因此船只的吃水深度也是不一样的。也许，有的读者曾经见过轮船侧面吃水线附近的一种叫做"劳埃德记号"的标记，这是用来表明船只在不同密度的水里的最高吃水线的。

比如，图 49 中的载重标志就表示的是最高吃水线。

在淡水中（*Fresh Water*）·······················  *FW*

在夏季的印度洋（*India Summer*）···············  *IS*

夏季咸水中（*Summer*）·························  *S*

冬季咸水中（*Winter*）·························  *W*

在冬季的北大西洋（*Winter North Atlantic*）···  *WNA*

　　俄国从 1909 年起就必须做这样的标记。最后还需要指出，存在着这样一种水：不含杂质的时候比普通水要重；它的比重是 1.1，也就是说比普通水重 10%。所以，在这样的水池中，人即便不会游泳也不会被淹死。这种水叫做"重水"；它的化学式是 $D_2O$（它的氢原子比普通氢原子重一倍，符号是字母 $D$)。普通水中也含有少量的重水：10 升饮用水中大约有 2 克重水。

图 49　轮船侧面的载重标志。记号标在吃水线上。
为了看得清楚些，我们把它放大了。字母的意思见正文。

现在已经可以得到几乎纯净的重水 $D_2O$ 了，在这种重水中，普通水的含量只有 0.05%。

## 6.2 破冰船是如何作业的？

大家可以利用洗澡的时间做以下实验。在走出浴盆之前，继续躺在浴盆里，打开它的放水孔。这时候你的身体露出水面的部分越来越多，你会感觉到身体越来越重。你可以很清楚地看出，只要你的身体一露出水面，它在水里失去的重量就会马上恢复（可以回想一下，你在水里的时候感觉自己是多么轻）。

鲸鱼在退潮的时候，如果留在了浅滩上，也会有同样的感觉，这对动物来讲是致命的：它会被自己巨大的重量压死。这就难怪鲸鱼需要住在水里了：水的浮力可以拯救它，避免因重力的作用被压死。

以上所讲的内容和本节的标题有着很密切的关系。破冰船的工作也是基于这样的现象：露在水面的那一部分船身，由于它的重力没有被水的浮力作用抵消，所以依旧保留着自身在陆地上的重量。大家不要认为，破冰船在工作的时候，使用自己的船首部分的压力来将冰块切断的。这样工作的不是破冰船，而是切冰船。这种作业方法只适用比较薄的冰。

真正的海洋破冰船是按照另一种方法来作业的。破冰船上强大的机器发动的时候，能把船首移到冰面上去，而船首的水下部分也因此造得非常斜。船首出现在水面的时候，就恢复了自己的全部重量，这个极大的重量就能把冰压碎。为了增强这个力量，有时候还要在船首的储水舱里盛满水——即"液体压舱物"。

在冰块的厚度不超过半米的时候，破冰船就是这样作业的。遇到更厚的冰块，就要用船的撞击作用来对付它。这时候破冰船往后退，用自己的全部重量向冰块猛撞过去。此时起作用的已经不再是重量，而是运动着的船的动能了。船好像变成了一个速度不大，但是质量很大的炮弹，成了一个撞锤。

碰到几米高的冰山，破冰船就需要用它坚固的船首猛烈地撞上好几次，才能将其撞碎。

参加过 1932 年著名的"西伯利亚人"号通过极地航行的水手马尔科夫曾经这样描述破冰船的作用：

在几百个冰山中间，在密实的冰块覆盖的地方，"西伯利亚人"号开始了战斗。信号机上的指针在连续 52 小时的时间内，总是从"全速后退"摆动到"全速前进"。在 13 班每班 4 小时的海上工作中，"西伯利亚人"号向冰块疾驰而去，用船首撞击它们，爬到冰上把它们压碎，然后又退回来。厚度达到 0.75 米的冰块，慢慢地让开了道路。每撞击一次，船身就可以向前推进三分之一。

苏联曾经拥有世界上最大最强的破冰船。

## 6.3　沉没的船只去哪儿了？

有一种甚至在水手们中间都流行的观点认为，在大洋里沉没的船只不会沉到海底，而是一动不动地悬在深海的某个地方，在那里，海水的密度"已经因为上面各层水的压力的关系变得相当大了"。

这种看法甚至《海底两万里》的作者儒勒·凡尔纳似乎也表示同意。在这本小说的第一章，他描写了一只沉没了的船一动不动地悬浮在水里；在另一章里，他又提到一些"浮在水里的破船"。

这种观点对不对呢？

这种见解似乎是有些证据的，因为水的压力在深海里的确可以达到很大的程度。沉在 10 米深处的物体，每平方厘米受到的水的压力只有 1 千克；在 20 米的深处，这个压力会是 2 千克；100 米的深处——10 千克；1000 米——100 千克。海洋有的地方的深度有几千米，大洋最深的部分（马里亚纳群岛附近的深海）可以达到 11 千米。很容易就能计算出，在这些深水中，海水以及沉没在其中的物体应当承受的压力有多大。

如果把一个塞紧瓶塞的空瓶投入到深水中，然后再把它捞上来，会发现瓶塞已经被水压进了瓶子，瓶子也已经装满了水。著名的海洋学家约翰·莫里在《海洋》一书中说他做了这样一个实验：将三根粗细不同的玻璃管的两头烧熔封闭，然后把这些玻璃管用帆布裹上，放进一个上面有孔可以自由进出水的铜制圆筒里。将这个圆筒放到 5 千米的深水处。当把这个圆筒捞出来之后发现，帆布里面全是雪一样的东西：碎玻璃。如果把一块木头放到同样深的水里，等到捞出来之后会发现，木头像砖块一样沉到筒底了，因为水将它压缩成这样了。

我们自然会想，这样大的压力一定会将深海的水压得非常密实，使得重的物体到达那个地方之后不能再往下沉，就像秤砣在水银里不能下沉一样。

但是这种看法是站不住脚的。实验表明，水同一切液体一样，是不容易被压缩的。当 1 平方厘米的水受到 1 千克压力的时候，体积只能缩小 $\frac{1}{22000}$，压力每增加 1 千克，体积缩小的幅度也差不多。如果我们想把水压缩到使铁可以浮在里面的程度，那么就需要把它的密度增加到原来的 8 倍。但是，如果需要把水的密度增加 1 倍，也就是把水的体积缩小一半，就得对 1 平方厘米的水施加 11000 千克的压力（假设水在这样的压力下的压缩率也这么大）。这样的压力在海下 110 千米的深处才会有！

由此可见，要说大洋深处的水密度有很大的变化，是不对的。在水最深的地方，水的密度也就只是增加了 $\frac{1100}{22000}$ 倍，也就是正常密度的 $\frac{1}{20}$ 或

5%[①]。这基本上不会对水中的各种物体的沉浮条件产生影响——另外，沉浸在这种水里的固体物质受到同样的压力，因此也会变得更加密实。

因此，毫无疑问沉没的船只会一直到达海底。莫里说："凡是在一杯水里会沉底的东西，都会沉到海底最深处。"

我听到有人对这种观点提出反对意见：如果小心翼翼地将一个玻璃杯底朝天浸在水里，它就会悬浮在水面，因为它所排开的那一部分水的重量，恰好和玻璃杯的重量相等。更重些的金属杯子同样会浮在水面，不过水位更深一些，但是不会沉到水底。所以当巡洋舰或者其他船只沉没的时候，也应当会停留在通往海底的半道上。如果船上的某些地方密封了，空气无法外泄的话，那么船只到达一定的深度之后，就会停在那里不动。

要知道有不少船只就是底朝天沉到海里去的，所以海洋里面一定有一些船只是悬浮在深海中，而没有沉到海底。只需要稍微给予这些船只一点点推力，它们就可以失去平衡，船身翻转过来，装满水，一直沉到海底去。但是在海洋的深处一片寂静，连暴风雨的回声都无法到达，哪里会有这种推动力呢？

所有这些论证的物理学基础都是错误的。底朝天的玻璃杯自己并不能沉到水里去。同木块或者用瓶塞塞紧了的空瓶一样，必须在外力的作用下才能沉到水里去。同样，底朝天的船只也不会往下沉，而是会停留在水面上。它不会停留在海洋通往海底的半道上。

---

① 英国物理学家特特计算过，如果地球引力突然消失，水没有了质量之后，海洋的水平面会平均上升35米（被压缩的水恢复了原来的体积）。这时候5000000平方千米的陆地就会被海水淹没。原来这些陆地是因为周围的海水被压缩了，才出现在水面上的。

## 6.4　儒勒·凡尔纳和威尔斯的幻想是如何实现的?

我们的许多潜水艇,在很多方面不仅赶上甚至超过了儒勒·凡尔纳幻想的"鹦鹉螺"号。当然,现在的潜水艇的航行速度只有"鹦鹉螺"的一半:当今潜水艇的速度是每小时 24 海里,儒勒·凡尔纳想象的是每小时 50 海里(1 海里大约是 1.8 千米)。现代潜水艇最长的航程是绕地球一周,而船长尼摩却完成了两倍的航程。但是,"鹦鹉螺"号的排水量只有 1500 吨,船上水手只有二三十人,同时在水里只能连续待上不超过 48 小时的时间。1929 年建造的属于法国舰队的"休尔库夫"号潜水艇却有 3200 吨以上的排水量,水手多达 150 人,在水下潜伏不动的时间可以达到 120 小时[1]。

这艘潜水艇从法国港口到马达加斯加不需要在任何一个港口停靠。"休尔库夫"号上的居住环境同"鹦鹉螺"一样舒适。同尼摩船长的潜水艇比较而言,它还有一种显著的优点:它的上层甲板上有不透水的飞机库,可以用来停靠侦察用的水上飞机。我们还需要指出一点,儒勒·凡尔纳的潜水艇上并没有潜望镜,所以这艘潜水艇不能从水底观察水面上的情况。

现实中的潜水艇只有在一个方面远远落后于这位法国小说家的幻想:它不能入水那样深。但需要指出的是,在这一点上儒勒·凡尔纳的幻想超过了实际可行的范围。我们可以在他的小说中读到这样的句子:"尼摩船长达到了海面下 3000、4000、5000、7000、9000、10000 米"。有一次,"鹦鹉螺"号还达到了 16000 米的深处。小说的主人公说:"我感到潜艇铁壳上的拉条似乎在抖动,它的支柱好像在弯曲,窗户在水的压力下好像在向里

---

[1] 现代的核潜艇,能够在不知道海水深度的海洋里自由地航行。这种潜水艇可以长久地航行,不用浮出水面加油。1958 年 6 月 22 日到 8 月 5 日,美国"鹦鹉螺"核潜艇完成了整个北冰洋的航行,航程从巴伦支海到格陵兰岛。

面凹陷。倘若我们的船不是像一个浇铸而成的整体那样坚固的话，它立刻就会被水压成一个饼了。"

这种担心是有道理的，因为水下 16 千米深处（如果大洋中有那样深的地方的话），水的压力可以达到

16000÷10=1600 千克／平方厘米，或者 1600 大气压。

这样大的压力不能将铁块压碎，但是毫无疑问会压坏船的构造的。但是现代海洋地图上还没有这样深的地方。儒勒·凡尔纳时代的人都认为海洋有这么深，这是因为那时候的探测工具还不够发达。那时候用来做测锤线的是麻绳而不是铁丝。这样的测锤线入水之后，就会被水的摩擦截住。在一定的深度，这种摩擦可以达到这样的程度，使得测锤线再也无法继续往深水放：麻绳纠缠在一起，这样给人们一种错误的印象，以为水很深。

现代潜水艇最多能承受 25 个大气压。这就决定了它们的最大潜水深度为 250 米。想要下沉到更深的地方就需要使用叫做潜水球的特殊装置（图50）：这是专门用来研究深海的动物群的。它的形状就像另一位小说家威尔斯在《在海洋深处》中写的深水球一样。故事的主人公乘坐一个厚壁钢球，到了 9 千米的海底。这个钢球潜水的时候使用的不是绳索，而是可卸的重物。到达海底之后，潜水球就可以抛掉重物，然后快速上升到海面。

科学家乘坐潜水球到达过 900 米的深处。潜水球是用钢索从船上放进深海的，坐在里面的人可以用电话和船上的人保持联系。

不久以前，有些国家建造了几艘用于研究深水的特殊装置——深海潜水器。它和潜水球最大的不同在于，深海潜水器可以在深海运动，可以在深海游动，而潜水球只能悬在钢索下面。开始的时候，这种潜水器被放到水下 3 千多米的地方，后来达到 4050 米。1959 年 11 月，这种装置下沉到5670 米；1969 年 1 月 9 日，到达 7300 米，1 月 23 日，到达 11000 米。

图 50 用来沉到海洋深处去的钢制潜水球。有人乘坐这个装置在 1934 年达到 923 米的深处。球壁厚 4 厘米左右，直径 1.5 米，重 2.5 吨。

## 6.5 "萨特阔"号是如何打捞上来的?

在广阔无边的海洋上，每年都有成千艘大小船只沉没，尤其是在战争年代。那些很有价值而且可以打捞的船只已经被打捞上来。苏联"水下特种作业队"的工程师和潜水员们就曾经因为成功打捞了 150 多艘大型船只而闻名于世。这些船只中有一艘是 1916 年在白海沉没的"萨特阔"号破冰船。它是由于船长的疏忽而沉没的，它在海底躺了 17 年，最后被"水下特种作业队"打捞上来并修理好了。

打捞技术完全是基于阿基米德原理。在沉没的船只下面的海底，潜水员挖掘了 12 道沟，每道沟里放上一条结实的钢条。钢条的两头被固定在特意放在破冰船两旁的浮筒上。全部工作都是在海平面以下 25 米的深处完成的。

用作浮筒（图 51）的是一些不会漏气的空铁筒，长 11 米，直径 5.5 米。每一个空铁筒重 50 吨。按照几何定理，很容易算出它的体积：差不多 250 立方米。显然，这样的空筒是会浮在水面上的：它排开的水有 250 吨，但本身就只有 50 吨；它的浮力等于 250 吨减去 50 吨，即 200 吨。为了把浮筒放入海底，在它内部装满了水。

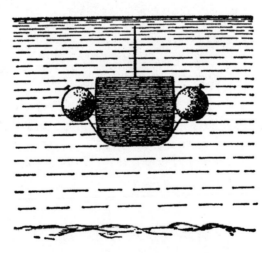

图 51　打捞"萨特阔"号示意图。
图上画的是破冰船，浮筒和钢带的剖面图。

如图 51 所示，当钢条的末端都固定在沉在海底的浮筒上之后，就开始用软管往浮筒内部注入压缩空气。25 米深水处的大气压力是 $\frac{25}{10}+1$，也就是 3.5 个。空气在差不多 4 个大气压力下作用于浮筒,所以能把水从浮筒中排出来。浮筒变轻之后,周围的水的巨大力量就能把它们推向海面。它们就像气球在空中上升一样,从水里浮上来。当所有浮筒的水都排出之后,它们的总浮力是 200×12=2400 吨——超过了沉没的"萨特阔"号的重量。因此,为了能更平稳地把船捞上来,浮筒里面的水只能排出一部分。

尽管如此,"萨特阔"号还是经过了几次失败的尝试之后才被打捞上来。"水下特种作业队"主任工程师波布利茨基写道:"有三次,我们在紧张地等待着,但看到的不是船,而是混在波涛和泡沫之间的一些浮筒和破碎的软管。有两次船已经被捞上来了,但我们还没有来得及将它系住,它又重新沉了下去。"

## 6.6 水力"永动机"

在为数众多的"永动机"设计中,有不少是根据物体在水里的浮力原理制造的。我们选一种来谈谈。有一个高 20 米的装满水的高塔。上下两头各有一个滑轮,滑轮上绕上了一条坚固的循环带似的钢绳。钢绳上有 14 个空的边长为 1 米的方箱。方箱是铁皮做的,不会透水。图 52 和图 53 是这种塔的外观和剖面图。

这种装置是如何工作的呢?每一个熟悉阿基米德原理的人都会这样想:那些位于水里的方箱会浮向水面。吸引它们上浮的是它们排开的水的重量,也就是 1 立方米水的重量乘以浸在水里的铁箱的数目。从图上可以看出,总有 6 个箱子会在水里。这就是说,拉动铁箱上浮的力等于 6 立方米的水的重量,也就是 6 吨。铁箱本身的重量当然也在把它们拉向水底,但是挂在水塔外面绳索上的有 6 个自由下垂的铁箱,所以两边的力量就应当是平衡的。

图 52 想象的"水力永动机"设计图。

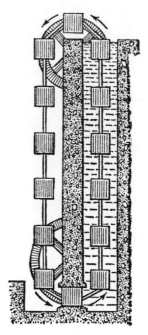

图 53 水塔的构造图。

这样,那条按照上述方法转动的绳索,就总是承受着 6 吨向上的压力。显然,这个力量会迫使绳索不停地在滑轮上滑动,每转一圈所做的功是 $6000 \times 10$($g=10$)$\times 20=1200000$ 焦耳。

现在就可以知道,如果一个国家布满了这样的塔,那么我们就可以从中得到无穷的功,可以供给整个国民经济的需要。塔可以转动发电机,使我们得到任何数目的电能。

但是,如果仔细研究这个设计,就会发现,绳索根本就不会动。

为了使这根停止的绳索转动,必须让这些铁箱能够从下面进入水塔,从上面离开塔。但是铁箱进入水塔的时候,必须要克服 20 米高的水塔的压力。这个压在每一平方米的铁箱上的压力恰好是 20 吨(20 立方米水的重量),而向上的牵引力只有 6 吨,显然这是不足以把铁箱拉到水塔里面去的。

在无数的水力"永动机"中，有成百个是一些不成功的发明家想出来的，不过在这些设计中，也有不少简单巧妙的。

我们来看图 54，一只装在轴上的木制鼓形轮的一部分总是浸在水里。如果阿基米德原理是对的，那么浸在水里的那部分就会上浮，只要水的推力比轴上的摩擦力大，鼓形轮就会转动不止。

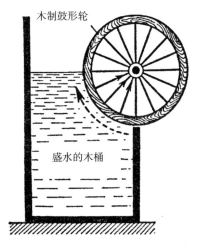

图 54　又一个水力"永动机"设计图。

但是不要着急制造这样一个水力"永动机"！因为你一定会失败的：鼓形轮不会转动。为什么会这样呢，我们的推理有什么错误呢？原来，我们没有考虑到各种作用力的方向。这些力永远是和鼓形轮的表面垂直的，也就是和通往轴的半径方向相同。生活经验告诉我们，顺着轮子的半径施压，是不能让轮子转动起来的。要使轮子转动，就需要顺着轮子圆周切线施压力。现在不难明白，为什么类似的"永恒"运动总是以失败告终了。

阿基米德原理给了那些想发明"永动机"的人们诱人的精神食粮，也鼓励他们想方设法去把似乎是失去的重量用来当做机械能的永恒动力，他们也设计出了许多极为聪明的装置。

## 6.7 "气体"、"大气"这些词是怎么想出来的?

"气体"这个词是科学家们制造出来的，除此之外还有"温度计"、"电灯"、"电流表"、"电话"以及"大气"等。在所有这些被想出来的词当中，"气体"（*gas*）这个词无疑是最短的。荷兰化学家、医生赫尔蒙特（1577~1644，是和伽利略同时代的人）将希腊词 *chaos* 译成了 *gas*（气体）。他发现空气是由两个部分组成的—— 一部分是可燃的或者可以助燃的，另一部分却没有这种性质，赫尔蒙特写道：

> 我将这种东西叫做气体（*gas*），因为它和古代的 *chaos* 没有什么分别（*chaos* 的最初意义是指"发光的空间"）。

但从此之后的很长一段时间，这个新词并没有被采用，直到 1789 年才被拉瓦锡发现并推广。当人们谈论蒙哥尔费兄弟首次坐气球飞行被人们广为谈论之后，这个词得到了广泛的传播。

罗蒙诺索夫在他的文章中用了另一个词表示气体——有弹性的液体（直到我上中学这个词都还在使用）。应该说，在俄语中现在仍在使用的科技词汇，有不少是罗蒙诺索夫介绍进来的：大气、气压计、晴雨表、测微器、抽气筒、光学、电灯、结晶、以太、物质等。

这位俄罗斯自然科学的鼻祖这样写道："我不得不找一些词语来命名一些物理工具、现象和事物，尽管这些词汇乍看起来有些奇怪，但是我希望随着时间的推移，它们会被推广，为人们所熟知。"

我们可以看到，罗蒙诺索夫的愿望已经完全实现了。

与此相反的是，著名的《俄语详解词典》的作者达里用来代替"大气"的词，因为太麻烦而没有人运用。他制造的其他新词也同样没有得到推广应用。

## 6.8  一道看似简单的题目

一个可以装 30 杯水的茶炊中盛满了水。将一个杯子放在茶炊龙头下面，眼睛盯着手里的表，看看秒表上的秒针走多久，茶杯中的水才会满。

假设这需要半分钟。现在我们提这样一个问题：如果让茶炊的龙头开着，茶炊里的水多长时间才会流完？

表面上看来，这简直就是一道连小孩子都会做的题目：既然一杯水需要半分钟，那么流完 30 杯水的时间当然就是 15 分钟了。

但我们还是来做一个实验。结果是，茶炊中的水全部流出来需要的时间不是 15 分钟，而是半小时。

这是为什么呢？要知道这个算术很简单啊！

上述计算方法是很简单，但是不对。不能认为水流的速度自始至终都是一样的。第一杯水流出来之后，水流受到的压力已经因为茶炊水位的降低而减小了。显然，要把第二个杯子装满，需要比半分钟更多的时间，第三杯水会流得更慢，以此类推。

任何一种装在没有盖的容器中的液体，从孔里流出来的速度跟孔上面的液体柱高度成正比。伽利略的学生托里拆利首先指出了这个关系，并用简单的公式表达了出来：

$$v = \sqrt{2gh} \ 。$$

这里的 $v$ 是指液体的速度；$g$ 是重力加速度；而 $h$ 是孔上面液体柱的高度。从公式可以看出，流动的液体的速度完全跟液体的浓度无关：轻的酒精和重的水银在液面高度一样的情况下，从孔中流出来的速度是一样的（图 55）。由这个公式可知，在重力是地球六分之一的月球上，装满一杯水需要的时间是地球上的 2.5（$\sqrt{6} \approx 2.5$）倍。

我们还是来看我们的题目。如果茶炊中的水已经流出了 20 杯，那么里面的水面（从龙头的孔算起）就降低到了以前的 $\frac{1}{4}$，第 21 杯水就会比第一杯慢一半。如果水位降到原来 $\frac{1}{9}$，那么装满下一杯水需要的时间就应当是第一杯的 3 倍了。所有人都知道，茶炊里快没有水的时候，从里面流出的水的速度是很慢的。解答这个问题需要用到高等数学：使一个容器中的液体全部流出来所需要的时间，是使同体积的液体在原来水面不变的情况下完全流出来所需要的时间的两倍。

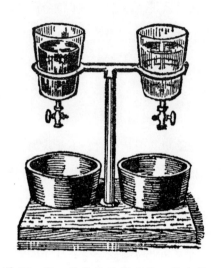

图 55　哪一种液体流得更快：是水银，还是酒精？容器中的液面高度是一样的。

## 6.9　一道关于水槽的题目

我们现在进一步讲解大家都熟知的，每一本算术习题集和袋鼠习题集都会收录进去的一道的关于水槽的题目。大家也许都还记得这样一道经典而枯燥的习题：

"一个水槽中有两根水管。第一根管子可以在 5 小时内把水槽装满；第二根管子可以 10 小时将水槽的水放完。如果同时开两根管子，需要多少小时才能把这个空水槽装满水？"

这个题目具有很久远的历史——至少 20 个世纪了，可以追溯到亚历山大的希罗时代。下面是希罗提出的问题之一——同他的后代人相比，这个问题确实要简单很多：

一个大水池有四个喷泉。

第一个喷泉一昼夜可以把水池灌满；

第二个喷泉两天两夜才能做完同样的工作；

第三个喷泉的能力是第一个的三分之一；

最后一个喷泉需要四周才能装满水池。

请告诉我，如果四个喷泉同时工作，

需要多长的时间可以装满水池？

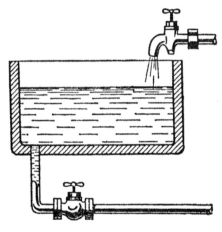

图 56　水槽问题。

这类关于水槽的问题人们已经解答两千年了，但两千年都解答错了——墨守成规的力量竟然这么大！在了解了刚刚所讲的关于水流问题的内容之后，大家就会明白为什么人们会解答错了。水槽问题一般是怎么解答的呢？第一个问题一般是这样来解答的：在 1 小时的时间内，第一根管子能把水槽灌满 $\frac{1}{5}$，第二根管子把水抽走 $\frac{1}{10}$；这就是说，如果同时开放两根管子，每小时灌进水槽的水是 $\frac{1}{5} - \frac{1}{10} = \frac{1}{10}$，由此可知，灌满水槽需要的时间是 10 小时。这种推理是不正确的：如果说进水是在相同的压力下进行的，也就是说水流是均匀的，那么出水的时候由于水面越来越高，水流就是不均匀的。由第二根水管抽完水需要 10 小时，完全不能下结论说，每小时流走的是 $\frac{1}{10}$ 水槽的水。可见，中学数学解答这个问题的方法是错误的。这个问题用初等数学是解答不了的（涉及水往外流的问题），因此就不应该把这类习题收集在算术习题集里。

## 6.10　一个奇怪的容器

能否制造这样一个容器，使得水往外流的时候，尽管液面在降低，水流也会很均匀不会变慢？从上几个章节的内容，大家也许会说，这是不可能的。

但这是完全可以办到的。图 57 画的正是这样一个奇怪的容器。这是一个普通窄颈瓶，有一根玻璃管通过它的塞子。如果把玻璃管下方的龙头 C 打开，液体就会均匀往外流，一直到容器里的液面降到跟玻璃管下端相等为止。如果把玻璃管的位置放到和水龙头差不多相等的地方，就可以使全部液体均匀地从容器流出，尽管水流会很弱。

这是为什么呢？我们来观察，当龙头 C 开着的时候，容器里会发生什么变化（图 57）。首先水会从龙头中流出来；容器里面的液面会降低到玻璃管下端。随着水继续往外流，水面继续下降，外面的空气会从玻璃管中进入瓶里。空气在水里会产生气泡，然后汇聚在容器上面的水面。这个时候在 B 处水平面的压力等于大气压力。也就是说，只是在 BC 那一层的水的压力下水才从 C 龙头流出，因为容器内外的大气压力是可以相互抵消的。由于 BC 层的水的高度是不变的，所以从龙头 C 流出的水的速度是不变的。

现在请回答这样一个问题：如果将玻璃管下端水平位置处的塞子 B 拿走，水会流得多快呢？

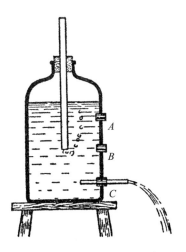

图 57　马里奥特容器的构造。
孔里流出的水流得很均匀。

实际上，水并不会外流（当然这是说孔非常小，可以不用计算它的直径的情况。否则，水会在同孔的直径一样厚的那一薄层水的压力下往外流）。其实，这里的内外部压力都和大气压力是一样的，没有什么力量可以迫使水往外流。

但是如果把高于玻璃管下端的塞子 A 拿走的话，不仅水不会从容器外流，外面的空气还会进入到容器里。为什么？原因很简单：在容器的这一部分空气的压力比外面的空气压力小。

具有这种特殊性质的容器是物理学家马里奥特想出来的，因此也叫做"马里奥特容器"。

## 6.11　空气的压力

17 世纪中期雷根斯堡的居民看到了奇怪的一幕：16 匹马一起拉合在一起的两个铜制半球，8 匹马往这边拉，另外 8 匹马向另一个方向拉，这些马用尽全力都没能将两个半球拉开。是什么东西让它们黏合得如此紧呢？"没什么，是空气。"市长就这样让大家亲眼见证了空气并不是"没什么"，而是有重量的，并且对地面上所有的物体施加很大的压力。

这个实验是 1654 年 5 月 8 日进行的，是在一个极其隆重的场合。尽管当时政治混乱、战火弥漫，但这位身为科学家的市长却用自己的科学探索吸引了众人的目光。

这就是著名的"马德堡半球"实验，在物理学教科书中都有叙述。但我相信，读者一定有兴趣从盖里克——这位"德国的伽利略"口中来了解这个故事吧？有关这位学者的实验的书的篇幅很长，是用拉丁文写的，1672 年在阿姆斯特丹出版。同那个时代所有的书籍一样，这本书有一个很长的标题：

---

## 奥托·冯·盖里克

### 在无空气的空间里进行的所谓的新的马德堡实验

实验最初是由维尔茨堡大学数学教授卡斯帕尔·肖特描述的。

著者自己出版的是内容更详尽，并有各种新实验的版本。

---

这本书的第 23 章讲述的就是我们感兴趣的这个实验。以下是直译：

实验证明，空气压力能将两个半球压得十分牢固，甚至 16 匹马都没法将其拉开。

我定做了两个直径为四分之三马德堡肘[①]的铜制半球。但实际上它们的直径只有 $\frac{67}{100}$ 肘，因为工匠们一般都不会做得像要求的那样精确。两个半球能够完全吻合。一个半球上装了活塞，通过这个活塞可

---

① 一个"马德堡肘"等于 550 毫米。

以完全抽掉里面的空气，并且能阻止外面空气进入。此外，在两个半球外面安装了 4 个环，环上系有绳子，绳子缚在马的鞍具上。我吩咐人缝了一个皮圈，并将皮圈放在蜡和松节油的混合物里浸透。把皮圈夹在两个半球中间，这样空气就无法进入半球了。然后在活栓上装上抽气管子，把球里的空气抽出来。这样就可以看出，两个半球是通过很大的力量被皮圈紧紧黏附在一起的。外面的空气将它们压得如此紧，以至于 16 匹马拼命挣扎也不能将其拉开，或者只有费很大的力才能拉开。当马匹费尽力气最后终于将两个半球拉开之后，发出了巨大的放炮般的响声。

　　但是只要转动一下活栓，使空气流进球里面，就能用手轻易把两个半球拉开。

通过一个简单的计算可以告诉我们，为什么需要用这样大的力量（每边各 8 匹马）才能把一个空球的两个部分拉开。空气在每平方厘米上的压力大约是 1 千克，直径 0.67 肘（37 厘米）的圆的面积①等于 1060 平方厘米。这就是说，每个半球上的大气压力应当超过 1000 千克（1 吨）。因此，每 8 匹马需要用 1 吨的力量才能克服外空气的压力。

　　对 8 匹马来讲这似乎并不是一个很大的重量。但大家不要忘了，平常马拉 1 吨重的货物的时候，所要克服的并不是 1 吨的重量，而要小很多——这是车轮和车轴之间，车轮和道路之间的摩擦力。这个摩擦力，比如说在公路上只不过是货物重量的 5%，也就是说 1 吨货物的摩擦力只有 50 千克（我们还没谈到下面一点：将 8 匹马的力量合在一起，拉力会损失一半）。因此，8 匹马的 1 吨拉力相当于一辆重 20 吨的货车。这就是马德堡市长的

———————

① 这里用的是圆的面积，而不是半球的表面积，因为大气的压力只有垂直作用于表面的时候，才会有上述数据；斜面上的压力会比较小。这里我们用的是球的表面投在平面上的正射影，也就是大圆的面积。

马需要克服的空气的压力！它们如同是在拉一台不在铁轨上的小火车头。

测量表明，一匹健硕的驮马拉货车的时候能用的力量不超过 80 千克。因此，为了拉开马德堡半球，在拉力平衡的情况下，每一边都需要 1000÷80≈13 匹马。

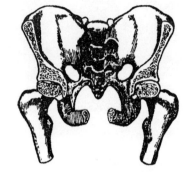

读者如果知道我们骨骼的某些关节之所以不会脱落，同马德堡半球不容易分开的原因是一样的，一定会觉得惊奇的。我们的髋关节正是这样的马德堡半球。即使我们把连在这个关节上的肌肉和软骨都去掉，大腿还是不会掉下来：关节之间的间隙里面是没有空气的，因此大气把它们紧紧地压在一起了（图 58）。

图 58　我们髋部关节上的骨骼之所以不会脱开，同马德堡半球一样，是由于大气的压力。

## 6.12　新的希罗喷泉

古代力学家希罗设计的普通形式的喷泉，很多读者都不陌生。在谈论这种有趣的装置的新形式之前，我们来谈一下它的构造。希罗喷泉（图 59）由 3 个容器组成：上面一个是没有盖子的容器（*a*），下面是两个封闭的球（*b*，*c*）。如图所示，有三根管子将这三个容器连接在一起。当容器 *a* 中装有一些水，*b* 球里面装满水，而 *c* 球装满空气的时候，喷泉就开始工作了：水沿着管子从 *a* 流到 *c*，将 *c* 中的空气排到 *b* 球；*b* 球中的水受到空气的压力，开始沿着管子往上流，在容器 *a* 形成喷泉。当 *b* 球中的水全部流出去之后，喷泉就停止了。

这就是古老的希罗喷泉的构思。后来，一位意大利的中学教师改造了这种喷泉。由于物理实验室中缺乏设备，这位老师不得不运用自己的创造力来简化希罗喷泉，最后他想出了一种使用简单的设备来制造新喷泉的方法（图60）。他用药瓶代替球形容器，用橡皮管代替玻璃管或者金属管。上面那个容器也不一定需要穿孔，只要像图60那样把橡皮管的一端放在里面就可以。

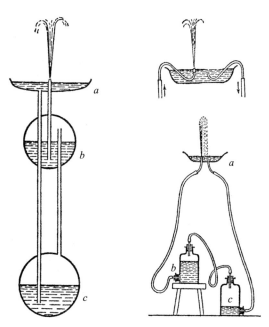

图59 古老的希罗喷泉。 图60 改造后的新式希罗喷泉。上面是碟子的构造图。

经过这样改造的仪器更适用：如果 b 瓶的水经过 a 碟全部流进了 c 瓶，只需要把 b、c 两个瓶互换一下位置，喷泉就可以重新开始工作；但是不要忘了，同时需要把喷嘴移到另一条管子上去。

经过改造的喷泉还有一个便利之处：可以任意改变容器的位置，以此来研究各个容器的位置对喷泉喷射高度的影响。

如果需要把喷泉的喷射高度增大，只需要将这个装置下面两个瓶里的水换成水银，将空气换成水（图61）。这个装置的工作原理很简单：水银从

$c$ 瓶流进 $b$ 瓶的时候，会把 $b$ 瓶里面的水排出去，从而形成喷泉。水银的重量是水的 13.5 倍，所以可以算出这时候的喷泉的高度。我们用 $h_1$、$h_2$、$h_3$ 表示各个液面之间的高度差。我们现在来看看 $c$ 瓶里的水银是在哪些力的作用下流进 $b$ 瓶的。连接两个瓶的连接管里面的水银受到来自两端的压力。从后面作用与水银的力等于 $h_2$ 这一段汞柱的压力（这个压力等于 13.5 $h_2$ 个水柱的压力）加上 $h_1$ 这么高的水柱的压力。左面起作用的是 $h_3$ 这么高的水柱的压力。综合起来，水银受到的压力等于（13.5 $h_2$+$h_1$-$h_3$）个水柱压力。

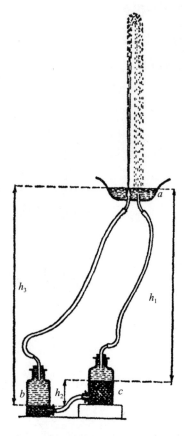

由于 $h_3$-$h_1$=$h_2$ ，所以上式可以变成：

$$13.5\,h_2 - h_2 = 12.5h_2 。$$

因此，将水银压到 $b$ 瓶的是一根高为 $12.5h_2$ 的水柱的重量。理论上来讲，喷泉的高区应该等于两个瓶里的水银面

图 61　在水银压力作用下形成的喷泉。喷泉的高度大约等于两个瓶里水银面的高度差的 10 倍。

高度差的 12.5 倍。但是由于存在摩擦力，所以这个高度会稍微有所下降。

即便如此，这个装置依然使我们可以得到喷射得较高的喷泉。例如，为了使喷泉达到 10 米，只需要把一个瓶移到比另一个瓶高大约 1 米的位置就可以了。有趣的是，碟 $a$ 距离水银瓶的高度对喷泉的高度没有任何影响，这一点从我们的计算中就可以看出来。

## 6.13　骗人的容器

　　17世纪和18世纪的贵族们喜欢用下面一个器具来取乐：一个上部刻有较宽的花纹图样的切口的酒杯（图62）。在这样的酒杯中倒上酒，让一位身份较低的客人喝，尽情地开玩笑。怎样才能喝到杯里的酒呢？将酒杯侧过来是喝不到的——酒会从众多的切口流走，一滴也流不到嘴里。这种情况就像童话中所说的那样：

　　　　我也曾经在那里，

　　　　喝了蜂蜜酿的酒，

　　　　酒顺着胡子往下流，

　　　　可一滴也没有到口。

　　但是知道这种构造奥秘的人（图62右图），只要用手按住 B 孔，将壶嘴放进口里，就能把酒吸进嘴里，不需要把酒杯倒过来。原来，酒会经过 E 孔沿着壶柄里的一条沟及其延长部分 C 进入壶嘴。

　　不久前，我们的陶匠也制作了类似的酒杯。我碰巧在一间屋子里见到了他们的工作样本。酒杯的构造被巧妙地掩藏了起来。壶上写有这样的话："喝吧，但可别只是装样子。"

图62　18世纪末骗人的酒杯及其构造上的秘密。

## 6.14　水在底朝天的玻璃杯里有多重？

"当然一点重量都不会有，因为这样的水杯装不住水，水流掉了。"——你说。

"如果水没有流走呢？那该会是多重？"——我问。

实际上，是可以把水装在倒置的玻璃杯中，并且不让水流出来的。图63所画的就是这种情况。一个底朝天的玻璃杯中盛满了水，缚在天平的一个底盘上。这个水杯中的水不会流出来，因为杯子的边缘浸在一个有水的容器里。另一个天平盘里有一个一样的空玻璃杯。

那么，哪一个天平盘较重呢？

那个系着底朝天的玻璃杯的天平盘会更重。这个玻璃杯上面受着整个大气压力，下面所受的是大气压力减去杯中所盛的水的重量。为了维持天平的平衡，需要将另一个盘上的杯子也盛满水。

在这种条件下，底朝天的杯子里的水的重量就会等于另外一个盘里的杯子里的水的重量。

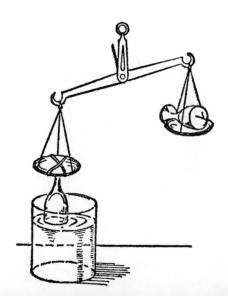

## 6.15　轮船为什么会相互吸引？

1912 年秋天，当时世界上最大的轮船之一——"奥林匹克"号远洋海轮出了这样一件事："奥林匹克"号在大洋上航行，同时距离它几百米远的地方，有一艘比它小得多的轮船"豪克"号在高速前进。当两艘船位于图 64 所示的位置的时候，发生了一件意外的事情：小船好像被一种不可见的力量牵引着，竟然调转船头，不服从舵手的操纵，几乎笔直地向大船开过来。两艘船撞在了一起。"豪克"号的船头撞在"奥林匹克"号的船舷上；这次撞击十分剧烈，"豪克"号把"奥林匹克"号的船舷撞了一个大洞。

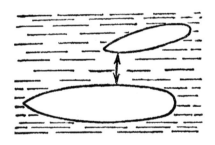

图 64　相撞前"奥林匹克"号和"豪克"号的位置。

在海事法庭审理这一案件的时候，大船"奥林匹克"号的船长被判为有过失的一方——因为他没有下任何命令给横开过来的"豪克"号让路——法院的判决书是这样说的。

法庭在这里并没有看出任何不寻常的事情来：就是因为船长调度失控才引起这一事故的。但是，这个事故中却有一个完全无法预料的情况在起作用：大海上轮船之间相互吸引。

这样的事故在两艘船平行前进的时候以前大概也发生过。但由于当时没有很大的船只，所以这种现象还不是很明显。当海洋里航行着很多"飘浮的城市"的时候，船只之间的吸引现象才变得明显起来。海军在操练的时候，舰队司令员也会注意到这种情况。

很多小船在大轮船或者军舰旁边航行的时候发生的众多事故，大概也是同样的原因引起的。

如何来解释船只之间的这种吸引呢？显然，这里还没必要谈到牛顿的万有引力定律：我们已经知道（第四章）这种引力太小了。这种现象完全是另一种原因引起的，需要用液体在管道或航道的流动原理来解释。可以证明，如果液体沿着一条有宽有窄的航道流动，那么在航道较窄的部分，水流会比较快，对航道侧壁的压力会比较宽的部分小，而较宽部分的水流会缓慢些（这就是所谓的伯努利原理）(图 65)。

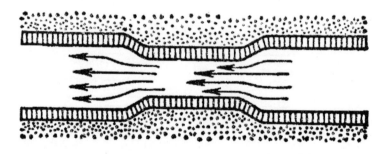

图 65　航道的狭窄部分的水流比宽阔的部分快，但是压向沟壁的力却比较小。

这个原理对气体也同样适用。在关于气体的学说中，这种现象叫做"气体静力学的怪事"。据说，这种现象是在下述的情况下被发现的。在法国的一座矿山里，一位工人奉命用护板将一个和外坑道相通的孔遮盖起来。这位工人和冲入矿井的空气斗争了很久，都不能完成这个任务。但是突然间，护板自己砰的一声就关上了。当时的力量是如此之大，如果护板不够大的话，它和工人都会被拉进通风道里面去的。

同时，气流的这种特性也可以用来解释喷雾器的工作原理。如图 66 所示，当我们往一根末端较细的横管中吹气的时候，空气在管子较细的部分就会减小自己的压力。这样，我们吹进去的空气对管子的压力就会较小。结果大气压力就把管子里面的液体沿着直管往上压。液体在管口的时候就会进入吹进来的气体中，变成雾状散到空中去。

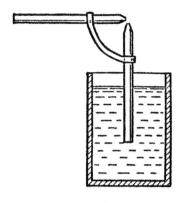

图 66　喷雾器。

现在我们就会明白船只之间吸引的原因了。当两艘船平行着航行的时候，它们的船舷之间就形成了一条水道。在一般的水道里，沟是不动的，水在动。但是在这里情况刚好相反：水不动，沟壁在动。但是各种力之间的作用并没有改变：狭窄部分的水对沟壁所施加的压力比轮船对周围空间施加的压力小。这样会产生什么后果呢？船只会在外侧的水的压力下相向运动，当然，较小的船只会移动得显著一些，较大的船只几乎不会动，依然停留在原地。这就是为什么大船从小船旁边快速驶过的时候，会出现特别大的引力。

因此，船只之间的引力是流水的吸引作用引起的（图 67），这也可以用来解释，为什么激流对洗澡的人是危险的，为什么旋涡会有吸引作用。可以算出，河里的水流在每秒钟前进 1 米的时候，就有 30 千克的力量在吸引着人的身体。受到这样大的力量的吸引，人是不容易站得稳的。尤其是在水里的时候，我们的身体本身的重量并不能帮助我们保持自身的平衡。最后，也可以用这个伯努利原理来解释飞驰的火车的引力：火车车速达到每小时 50 千米的时候，会对站在旁边的人产生 8 千克的拉力。

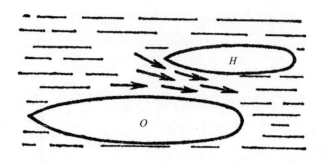

图 67　两艘行驶着的船只之间的水流。

　　跟伯努利原理相关的一些现象虽然并不罕见，但是非专业人士却知之甚少。因此，有必要详细解释一下。下面我将一本科普杂志中关于这个题目的文章摘录下来供大家参考。

### 6.16　伯努利原理及其效应

　　首先由丹尼尔·伯努利于 1726 年提出的原理是这样说的：水流或者气流的速度若小，压力就大；速度若大，压力就小。这一理论还有不少局限，但我们在此就不赘述了。

　　图 68 是关于这个原理的图形解说。

　　空气从 AB 管进入。如果管的截面小（比如 a 处），气流速度就大；截面大的地方，气流速度就小（比如 b 处）。速度大的地方，压力小，而速度小的地方，压力就大。由于 a 处的空气压力小，C 管中的液体就上升；同时，b 处强大的空气压力，使得 D 管的液体下降。

　　图 69 中，T 管固定在铜制圆盘 DD 上；空气从 T 管进入，然后通过跟 T 管不相连的圆 dd[①]。两个圆盘之间的气流速度很大，但是这个速度

_____

① 使用线轴或者圆纸片做同样的实验会简单一些。为了使圆纸片不滑向一边，可用大头针穿过线轴的槽，把纸片钉住。

在接近圆盘边缘的时候快速减少，因为气流从两个圆盘之间流出来之后，空间迅速增大，从两个圆盘空隙之间流出的空气的惯性在逐渐减小。但是圆盘周围的空气压力很大，因为气流速度小；圆盘之间的空气压力很小，因为流速大。因此圆盘周围的空气对圆盘的压力较大，并试图推开这两个圆盘；结果，从 *T* 管流出的气流越强，圆盘 *dd* 被吸向圆盘 *DD* 的力量就越大。

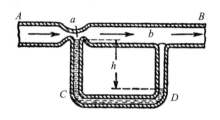
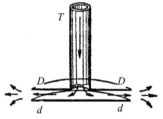

图 68 图解伯努利原理。*AB* 管的较窄部分 *a* 处的压力比截面较大的部分 *b* 处小。

图 69 用圆盘做的实验。

图 70 和图 69 是相似的，只不过有水。如果圆盘 *DD* 的边缘是向上弯曲的，那么盘中的快速流动的水就会从较低的地方上升到跟水槽里静水面一样高的位置。因此圆盘下面的静水就比圆盘里面的水有更大的压力，所以圆盘就会上升。*P* 轴的作用是不让圆盘向两边移动。

图 71 画的是一个漂浮在气流中的小球。气流冲击着小球，使得它不会下落。小球一旦离开气流，周围的空气又会将它推回气流，因为周围空气速度小，压力大；而气流中的空气速度大，压力小。

图 72 画的是两艘并行在静水中的船，或者是并行在流动的水里的船。两艘船之间的水面比较窄，所以水流的速度比两船外侧的水的流速大，压力比两船外侧小。所以这两艘船会被船周围压力较高的水挤在一起。海员们都清楚地知道，两艘并排行驶的船，会互相强烈地吸引。

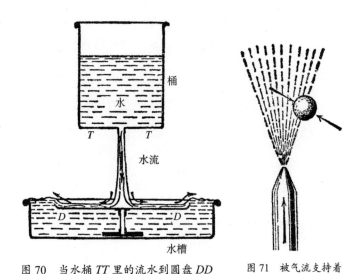

图 70　当水桶 $TT$ 里的流水到圆盘 $DD$
上的时候，在轴 $P$ 上的圆盘就会升起。

图 71　被气流支持着
小球。

　　当两艘船中的一艘在另一艘前面航行的话，情况会更加严重（图 73）。使两艘船靠近的两个力，会使船身转向，而且船 $B$ 会在一个很大的力的作用下转向 $A$。这种情况下两船相撞基本是无法避免的，因为舵手来不及改变船的航向。

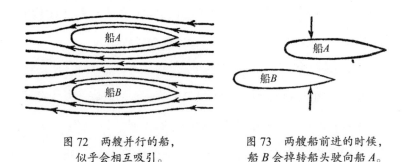

图 72　两艘并行的船，
似乎会相互吸引。

图 73　两艘船前进的时候，
船 $B$ 会掉转船头驶向船 $A$。

　　图 72 中的情况，可以用在两个很轻的橡皮球之间吹气的实验来说明（图 74）。如果向两球之间吹气，它们就会时而靠近，时而相互撞击。

图 74　如果向两个气球之间吹气，它们会彼此接近，然后相撞。

## 6.17　鱼鳔的作用

关于鱼鳔的作用问题，通常的观点似乎是可信的。这种观点认为，当鱼要从深水里浮到水的上层的时候，就鼓起自己的鳔，这样它的身体就会增大，排开的水的重量就会比它自身的重量大——根据浮力原理，鱼就浮到水面来了。如果它不想往上浮或者想沉到水下的时候，它就压缩自己的鳔，这时候它的身体以及所排开的水的重量就会减少，根据阿基米德原理，鱼就沉到水底去了。

对鱼鳔的功能的这种简单的解释，是 17 世纪佛罗伦萨科学院的科学家们提出来的。正式提出这一观点的是波雷利教授（1685 年）。在长达 200 年的时间里，这一观点没有遭到任何质疑，同时也在教科书中代代相传，直到新的研究成果（莫罗·沙尔波奈尔）才推翻了这一理论的正确性。

毫无疑问，鱼鳔跟鱼的沉浮有极其重要的联系，因为失去了鳔的鱼只有在使劲摆动鱼鳍的时候才能浮在水中。一旦停止鱼鳍的摆动，鱼就会掉到水底去。那么，鱼鳔的真正作用是什么呢？这个作用十分有限：它仅仅帮助鱼停留在某一个深度——也就是鱼排开的水的重量等于它自身重量的地方。当鱼使用鱼鳍使自己下沉到比这个位置更低的地方的时候，它的身体经受着来自另一个方向的水的压力而缩小，并且对鱼鳔施加压力。这时候排开的水的体积减小，被排开的水的重量也比鱼的重量小，所以鱼就往下沉。鱼越往下沉，水的压力就越强（每下沉 10 米，水的压力就增加 1 个大气压），鱼的身体被压缩得越小，这样就会继续往下沉。

当鱼离开自己的身体可以保持平衡的那个水层，用鱼鳍的力量使自己上升到高一些的水层时候，情况也是一样的，只不过是向着相反的方向。鱼的身体摆脱了一部分外来的压力，鱼鳔就将身体撑大，体积增大，所以就向上游动了。鱼越往上游，身体就会越大，所以就继续往上升。鱼是不能用"压缩"鱼鳔的方法来阻止这一趋势的，因为鱼鳔壁上的肌肉纤维并不能自动改变自身的体积大小。

我们可以用下面这个实验来证明，鱼的身体真的是这样被动地变大的（图 75）。将一条用氯仿麻醉过的鱼放进一个盛水的密封容器中，容器里一定深度的压力同天然水池的压力接近。这时候鱼会肚子朝天，静静地躺在水面。倘若把它放到深一些的水里，它会重新浮上来。如果将它放在距离容器底部较近的地方，它会沉到水底去。但在这两个水层之间的某一个水层中，鱼可以保持水平状态，既不会往上浮，也不

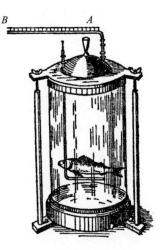

图 75　用鱼做的实验。

会往下沉。联系刚才所讲的内容，这些现象是很容易就能明白的。

因此，跟流行的说法相反，鱼并不能随心所欲地吹大或者压缩自己的鳔。鱼鳔体积的变化是被动的，是在外部压力的增加或者减小的条件下进行的（根据波马定律）。这种体积的改变对鱼不仅没有什么好处，还会有害处，因为它使得鱼越来越快地沉到水底，或者鱼越来越快地上升到水面。

换句话说，鱼鳔可以帮助维持一个静止不动的平衡，但这个平衡是不稳定的。

这就是鱼鳔的真正用途——这里说的是鱼鳔对鱼的沉浮起的作用。至于鱼鳔是否还有其他功能，目前并不清楚，因此这个器官对人们来说还是一个谜。但是它在流体静力学方面的作用，现在是完全清楚的。

观察钓鱼时的情景可以证实上述内容。当从深水中钓起鱼的时候，会发生这种情况，这条鱼在中途的时候挣脱了。但是它并不是如我们想象的那样重新掉进深水里去，而是快速升到水面上来。有时候人们可以看到这种鱼的鱼鳔是向嘴里凸出的。

## 6.18　波浪和旋风

许多日常生活中的物理现象，并不能用物理学上简单的原理来解释。甚至像我们在有风的时候看到的海洋上的波浪现象，中学物理课程也不可能给予详尽的解释。那么，从航行中的轮船的船头散向平静的水面的波浪是如何引起的呢？为什么旗帜会在风中飘扬？为什么海边的细沙会像一排排的波浪？为什么从工厂的烟囱里冒出的烟会成一团一团的？

为了解释这些以及其他类似的现象，需要知道所谓的气体和液体的涡流特点。我们试着在此略微讲讲涡流现象及其主要特征，因为在中学教科书中基本上是不讲的。

设想一下有液体在管子里流动。如果液体里面的所有微粒都是顺着管子按平行线方向流动的，那么此时呈现在我们眼前的就只是一种最简单的液体运动形式——平静的流动，或者像物理学家所说的片流（图76）。但这并不是最常见的液体流动形式。相反，液体在管子中的流动更常见的并不是平静的，它通常都是从管壁流向管轴。这就是所谓的涡流，也叫湍流运动（图77）。自来水水管里的水就是这么流动的（细的水管除外，因为细管里的水是片流的）。只要液体在一定粗细的管子里的流动速度达到一定大小，也就是达到所谓的临界速度 [①] 的时候，就可以观察到涡流现象的发生。

 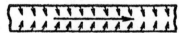

图76 液体在管子中平静地流淌（片流）。　　　　图77 管子中液体的涡流。

如果一种透明的液体流过玻璃管，我们在液体里放上一些非常轻的粉末，比如说石松子粉，那么我们用肉眼就可以看到管子里液体的涡流了。这时候可以清楚地看见从管壁向管轴的涡流现象。

在制造冷藏器和冷却器的时候，都会利用涡流的这些特点。在管壁冷却的管子里，呈涡流状的液体，会使它的所有分子接触到冷却的管壁，并且这种速度会比不发生涡流的液体快。应该记住的一点是，液体本身并不是良好的热导体，如果不进行搅拌的话，它们冷却或者增温都是很慢的。血液和它流经的各个组织之间之所以能那样快地进行热量和物质的交换，是因为血液在血管里进行的不是片流而是涡流。

上面所说的液体在管子中流动的现象，同样也适用于露天的沟渠和河床：沟渠和河里的水也是涡流前进的。如果对河流的水流进行精确的测量，仪器会出现脉动现象，尤其是在靠近河底的地方：脉动现象表明，水流在频繁地改变运动方向，也就是在涡流。河水不但沿着河床前进，同时还要从河岸流向河中央。因此，认为河流深处的河水一年四季都是4℃的观点是错误的：因为在靠近河底的地方的水温，由于总是被搅拌着，所以应当

———————————

[①] 任何液体的临界速度都跟液体的黏度成正比，跟液体的密度和管子的直径成反比。

和河面是一样的（不过湖水的情况不一样）。河底的涡流会带动河沙，使河底出现"沙波"。这样的沙波在波浪所能到达的海边沙滩上也可以看到（图78）。如果河底附近的水流是平稳的，那么河底的沙面就应当是平滑的。

因此，被水淹没过的物体的表面就会形成涡旋状。顺水放置的绳索会呈现蛇形，就可以说明这一点（如果绳的一头被系住了，另一头是自由活动的）。为什么会这样呢？因为当绳子的某一部分周围出现涡流的时候，绳子就会被涡流带过去；下一个时间内，另一个涡流又会使这段绳子发生相反的运动——这样就形成了蛇形运动了（图79）。

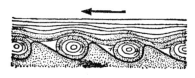

图 78　由于水的涡流作用，海岸上形成了沙波。

图 79　绳索在流水里的波状运动是涡流引起的。

现在我们要从液体转到气体，从水转到空气了。谁没有见过旋风卷起地上的尘土和稻草呢？这就是地面出现涡流的表现。当空气沿着地面运行的时候，在形成旋风的地方，空气的压力会减小，水就会上升，引起波浪。沙漠和沙丘的斜坡上的沙波，也是基于同样的原因（图80）。

现在就容易明白，为什么旗帜会迎风飘扬了（图81）：旗帜也遇到了绳索在流水中遇到的情况。风信旗的影片在风中无法保持固定的方向，而是随着涡流飘动。工厂的烟

图 80　沙漠里的波状沙面。

囱冒出的烟呈现一团一团的景象，也是同样的道理：炉子里的气流通过烟囱的时候也是作涡流运动。由于惯性原因，烟离开烟囱之后，还会持续这种运动（图82）。

图81　迎风飘扬的旗帜。

图82　从工厂的烟囱里冒出来的一团一团的烟。

　　空气的涡流运动在航空方面具有巨大的意义。机翼有一种特殊的形状，机翼下面的材料将空气稀薄的部分填充了，于是机翼上方的涡流运动得到了加强。这样机翼下方得到了一个支撑，上方受到了一个吸附作用（图83）。鸟儿展开翅膀飞翔的时候，也能观察到同样的现象。

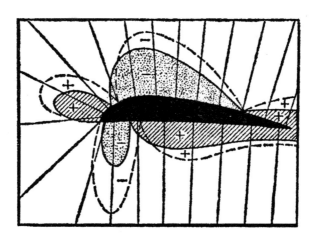

图83　是什么力量支撑着机翼？实验表明，机翼表面的空气的高压区（+）和低压区（-）就是这样分布的。由于支撑力和吸引力相互作用，机翼就升起了。（实线表示压力的分布；虚线表示飞机速度急剧增加时的气压分布情况。）

　　吹过屋顶的风会产生什么样的影响呢？空气的涡流在屋顶上形成一个空气稀薄的区域，为了平衡这个压力，屋顶下面的空气向上压，就会掀起屋顶。结果就会经常看到一种让人遗憾的现象：那些钉得不牢固的屋顶就会被风刮走。同样，大的玻璃窗有的时候也会被风从里向外压碎（而不是从外向内）。不过这些现象可以更简单地用运动着的空气中压力减小的原理来解释（参见 6.16 节）。

　　温度和湿度都不同的两种气体彼此挨着流过的时候，每个气流里面都会发生涡流。云彩的各式各样的形状也是这个原因引起的。

　　可见，跟涡流有关的现象竟然有这么广的范围。

## 6.19 去地心旅行

没有一个人到过地下 3.3 千米以下更深的地方，但是我们的地球的半径大约是 6400 千米。距离地心还有很长的一段距离。但是想象力丰富的儒勒·凡尔纳却将自己小说中的两位主人公——怪教授黎登布洛克和他的侄儿阿克塞送到了地心深处。在小说《地心游记》中，他描写了这两位地下游客的冒险经历。他们在地下遇到的意外事件中，有一件就是空气密度的增大。随着上升高度的加大，空气快速变得稀薄起来：上升高度按照算术级数增加的时候，空气密度按照几何级数减小。相反，在下降的时候，低于海平面的地下，在上层空气的压力下，空气变得越来越密实。

这是叔侄二人在地下 48 千米处的对话：

"你看看气压计上显示的是多少？"——叔叔问道。

"压力很大。"

"现在你看到了，随着我们慢慢地往下降，就会逐渐习惯不断变得浓密的空气，并且不会觉得有一点儿难受。"

"如果耳朵疼痛不算的话。"

"这只是小事一桩！"

"对"，我并不打算跟叔叔争论，"待在浓密的空气中还很舒适呢。你听到空气中宏大的声响了吗？"

"当然了。聋子在这样的大气中都能听得见。"

"不过空气还是变得更加稠密，它能达到水的密度吗？"

"当然了：当大气压有 770 个的时候就可以。"

"那么再往下呢？"

"密度还会增加。"

"那我们到时候怎么继续往下走？"

"在口袋里装些石头。"

"嘿，叔叔，你可真有办法。"

我不想再继续猜测了，因为我担心会弄出什么阻碍旅行的事情来，会使叔叔生气。但显然，在几千个大气压作用下，空气是会变成固体的，到那时候即便人能够忍受得住压力，我们也无法继续前进了。这不是什么争论可以解决的事情。

## 6.20　幻想与数学

以上就是这位小说家所描述的内容。但是如果我们来检验一下对话中的事实，就会发现事情并非那样。为此我们并不需要下降到地心去。只需要准备一支铅笔和一张纸，在物理学中做一次小小的旅行就可以了。

我们先来计算，需要下降到什么深度，才可以使大气压增加千分之一。正常的大气压等于 760 毫米汞柱水银的重量。如果我们不是在空气中，而是在水银里，那么我们需要下降的幅度是 760÷1000=0.76 毫米，这样就可以增加千分之一的大气压力。在空气中，我们当然需要往更深的地方去，这个深度应当是水银密度和空气密度的倍数之比，也就是 10500 倍。所以，为了使大气压力比正常气压增大千分之一，我们需要下降的距离就不是 0.76 毫米，而是 0.76×10500，也就是差不多 8 米。我们再往下 8 米，压力又会继续增大千分之一，以此类推[1]。不论我们身处何地——在人类达到的最高高度（22 千米），在珠穆朗玛峰山顶（约 9 千米），抑或是在海平面——为了使大气压比原始大气压增加千分之一，都需要下降 8 米。这样，我们

---

[1] 下一个 8 米的空气，要比上一层更密，所以压力增加的绝对值会比上一层大。

就得到一个关于大气压随着深度增加的表格：

在地面上，压力 760 毫米 = 正常大气压；

地下 8 米深处的压力 = 正常大气压的 1.001 倍；

地下深处 2×8 米处的压力 = 正常大气压的 $(1.001)^2$ 倍；

地下深处 3×8 米处的压力 = 正常大气压的 $(1.001)^3$ 倍；

地下深处 4×8 米处的压力 = 正常大气压的 $(1.001)^4$ 倍。

总之，在 $n×8$ 米深处的压力就是正常大气压的 $(1.001)^n$ 倍。在大气压力还不是十分大的时候，空气的密度也会增加同样的倍数（马里奥特定律）。

我们注意到，小说中旅行家达到的深度是 48 千米，因而重力的减弱以及相关的空气质量的减少都可以不计算在内。

现在可以计算儒勒·凡尔纳的旅行家们在地下 48 千米处经受的空气压力大约是多少。根据公式，此处的 $n=48000÷8=6000$。我们需要计算的是 1.001 的 6000 次方，这是一项枯燥费时的工作。我们可以利用对数。就如同拉普拉斯所说的，对数可以缩短我们的劳动，因而增加计算者的寿命[1]。使用对数，我们得到

$$6000 × \log 1.001 = 6000 × 0.00043 = 2.6。$$

通过对 2.6 求对数，我们得到要求的数值为 400。

因此，在 48 千米深处的大气压是正常气压的 400 倍。实验证明，这样压力之下的空气密度会增加 315 倍。因此，我们的这两位地下游客竟然没有觉得难受，只是"耳朵有点疼"，就是值得怀疑的事情了。在小说中还说道，人们到过地下更深的地方——120 千米，甚至 325 千米。这些深

---

[1] 在学校里对对数表讨厌的人，如果读过拉普拉斯关于对数的说明，或许会改变这种不友好的态度。《宇宙体系论》说道：对数的发明，可以把几个月的计算减少到几天，我们可以说这既可以延长天文学家们的寿命，还可以减少犯错。这是人类精神的宝贵成就。

处的大气压力会达到极大的程度，人能经受的大气压力，是不能超过 3 到 4 个的。

利用这个公式，我们可以求出在什么样的深度，大气密度会增加 770 倍，达到水的密度。我们得到的数字是 53 千米。但这个结果是不正确的，因为气压很大的时候，气体的密度和大气压力不呈正比关系。马里奥特定律只有在压力不超过几百个大气压的时候才适用。以下是实验得到的空气密度数据：

| 压力 | 密度 |
|---|---|
| 200 个大气压 …………………… | 190 |
| 400 个大气压 …………………… | 315 |
| 600 个大气压 …………………… | 387 |
| 1500 个大气压 ………………… | 513 |
| 1800 个大气压 ………………… | 540 |
| 2199 个大气压 ………………… | 564 |

可见，气体密度的增加幅度较气压增加更慢。因此，儒勒·凡尔纳小说中的科学家幻想着达到一定的深度之后，空气的密度会比水还要大，这是枉然。因为空气只有在 3000 个大气压力的时候，才能达到水的密度。此后基本不能再压缩了。要是空气变成固体，还需要在增加压力的同时把温度剧烈降低（–146℃）。

为了公平起见，还应当指出，儒勒·凡尔纳的小说是在刚才所举的数据出现很久之前发表的。所以，小说家的错误是可以原谅的。

我们利用上述公式来计算一下，矿井的最大深度是多少，才不会影响工作人员的健康。我们的机体能忍受的最大空气压力是 3 个。我们用 $x$ 表示需要计算的矿井深度，可以得到：

$$(1.001)^{\frac{x}{8}}=3,$$

利用对数可以求出 $x=8.9$ 千米。

所以，人可以在地下大约 9 千米的地方安然无恙。要是太平洋突然干涸了，那么基本可以在它海底的任何一个地方居住。

## 6.21　在深矿井中

谁曾经到过距离地心最近的地方呢——不是小说家幻想中的人，此处指的是现实生活中？当然是矿工。在第四章我们说过，世界上最深的矿井在南美洲，它的深度已达 3000 多米。我们谈论的不是钻探工具达到的深度，而是人迹所至的地方。下面是法国作家留克·裘尔登博士亲自参观了巴西的一个矿井之后的描述（矿井深度约 2300 米）：

有名的莫洛·维尔荷金矿，坐落在距离里约热内卢 400 千米的地方。乘着火车在山区走了 16 小时之后，来到一个周围都是丛林的深谷。有一家英国公司在这里采矿，以前没有人到过这里。

矿脉是斜着往地下深处去的。矿井沿着矿脉建了 6 级采掘段。竖直的是有竖井，水平的是巷道。为了寻找黄金，人们在地壳里挖掘了最深的矿井。

下井需要穿上帆布工作服和皮制上衣。而且要格外小心：任意一块极小的石头落入矿井，都有可能将人砸死。我们由矿井上的一位工长陪着下井去。首先进入的是第一个巷道，这里的照明不错。低至 4℃ 的冷空气使人瑟瑟发抖——这是为了降低矿井深处的温度通进去的冷空气。

乘坐一个狭窄的金属笼子，我们通过第一个深 700 米的竖井，进入第二个巷道。从第二个竖井继续往下走，此处的空气稍微暖和了一些——这已经是低于海平面的地方了。

从下一个竖井开始，空气热得有些烫脸。我们流着汗，弯曲着身体，通过弓形的巷道，朝着钻机发出声音的地方走去。飞扬的尘土中有许多裸身的人在忙碌着。他们大汗淋漓，手里不断地传递着水瓶。这时候可不要触摸那些刚刚采下来的矿石：它们的温度有57℃。

这种可怕而且可恶的活动的结果是什么呢？——每天大约10千克黄金……

在描写矿井底部的自然条件以及对工人的极端剥削的时候，这位法国的作家只是指出了温度很高，并没有关于空气压力增加的描述。我们来计算深度为2300米的地方的空气压力是多少。如果温度和地面温度一样的话，那么根据我们已经熟悉的公式，空气密度增加的倍数是：

$$(1.001)^{\frac{2300}{8}} = 1.33 \text{ 倍。}$$

事实上空气的温度不会不发生改变，而是会升高的。因此空气密度增加不会那么明显，会稍微小一些。矿井底部的空气密度与地面空气密度之间的差异，只是比炎热的夏天和严寒的冬天之间空气密度的差异大一些。现在我们就明白了，为什么矿井里面气压的变化没有引起参观者的注意。

但是在这种深井里的空气湿度是很明显的，会使高温条件下的人无法待在里面。在南非一个深达2553米的矿井（约翰内斯堡矿井）中，当温度为50℃的时候，空气湿度达到了100%。现在人们正在制造一种所谓的"人造气候"装置，这种装置所起的冷却作用，相当于2000吨冰。

## 6.22 乘着平流层气球上升

在前面几个章节中，我们曾想象着去地心旅游，并且气压和深度关系的公式帮了我们大忙。现在让我们来利用这一公式往上飞。现在这个公式是：

$$p = 0.999^{\frac{h}{8}},$$

这里的 $p$ 是大气压；$h$ 是高度（单位为米）；我们用小数0.999代替1.001

是因为每上升 8 米，压力不是增大 0.001，而是减少 0.001。

先来解决这样一个问题：要使空气压力减少到以前的一半，需要飞到多高？

我们将 $p=0.5$ 代入公式，可以得到

$$0.5=0.999^{\frac{h}{8}},$$

对于会使用对数的读者来说，要解决这个方程并不难。答案是 $h=5.6$ 千米。这就是说需要上升这个高度，大气压力才会减少一半。

现在让我们跟着探险家向更高的地方去，到 19 千米和 22 千米高处去。这已经是所谓的平流层了。因此我们乘坐的已经不是普通的气球，而是平流层气球。1933 年和 1934 年，有两个气球曾经创造了世界纪录，一个飞到了 19 千米高度，另一个的高度是 22 千米。

现在我们来计算这两个高度的大气压。

当高度是 19 千米的时候，大气压力公式是：

$$0.999^{\frac{19000}{8}}=0.095 \text{ 大气压} =72 \text{ 毫米（汞柱）}。$$

当高度是 22 千米的时候，我们有

$$0.999^{\frac{22000}{8}}=0.066 \text{ 大气压} =50 \text{ 毫米（汞柱）}。$$

但是，探险家们的记录显示，在这些高度的大气压是另外的数字：19 千米处：50 毫米（汞柱）；22 千米处：45 毫米（汞柱）。

为什么结果不一样呢？我们哪里错了？

在压力这样小的情况下，马里奥特定律是完全可以用的，但是我们疏忽了另外一个事情：我们将整个 20 千米厚的大气温度看成是一样的了。实际上，空气温度是随着高度增大而减小的。平均来讲，每上升 1 千米，温度会下降 6.5℃。这样的话，在 11 千米的高空，温度已经是 −56℃ 了。接下来，很长一段距离之内温度都不会改变。假如考虑到这个因素（这里初等数学已经不再适用），就可以得到跟实际情况更相符合的结果。基于同样的原因，我们以前计算的地下深处的气压，也应当看做是近似值。

# 第七章 热现象

## 7.1 扇子

当女人们挥动扇子的时候，她们当然会觉得凉爽了。似乎这一举动对同处一室的其他人是没有什么坏处的，并且所有的人都应当感谢她们，因为室内的空气温度降低了。

我们来看看实际情况是不是这样的。为什么在扇扇子的时候我们会感觉到凉爽呢？原来，直接贴在我们脸部的那一层空气变热以后，就会成为一层看不见的"面膜"罩在我们的脸上，使脸部"发热"，也就是延缓了脸部热量的散失。如果我们周围的空气不流动的话，那么贴在脸部附近的这一层空气就只能被未加热过的稍微重一些的空气慢慢地向上排挤。当我们挥动扇子赶走脸部那一层热"面膜"的时候，我们的脸部就会一直和没有被加热的新的空气接触，并不断将热量传导出去，我们的身体就会散热，这样就感觉到凉爽了。

这也就是说，女士在扇扇子的时候，是在不断地将自己脸周围的热空气扇走，用没有被加热的空气来取代它。等到不热的空气变热之后，新的不热的空气又将其取代了……

扇子能够加速空气的流动，使得整个屋子的空气温度很快变得到处都一样。所以扇扇子的人是在用别人周围的凉空气，使自己感到凉爽。关于扇子的另一个作用，我们还会再谈。

## 7.2 有风的时候为什么会更冷？

众所周知，没有风时候的严寒比有风时候的严寒更容易忍耐。但并不是所有的人都清楚个中原因。只有生物才会感觉到有风的时候的寒冷。如果让风对着温度计吹，它的汞柱是不会下降的。有风的时候人会感觉到特别冷，这首先是因为，这个时候从脸部（一般是从全身）散去的热比没有风的时候多得多。没有风的时候，被身体暖和了的空气不会很快被新的冷空气取代。风力越强，每一分钟之内同皮肤接触的新空气就会越多，因为我们身上散失的热量就越多。这一点已经足够引起冷的感觉了。

但还有一个原因。即便在冷空气里，我们的皮肤也总是在蒸发水分。蒸发需要热量。蒸发会带走我们身上以及贴在身上的那一层空气的热量。如果空气静止不动，蒸发就缓慢，因为贴在皮肤上的那一层空气中很快就会有饱和了的水蒸气（如果空气中的水蒸气饱和了，就不会再有蒸发发生）。但如果空气在流动，并且不断有新的空气来到我们的皮肤，那么蒸发就会不断地进行，这样就会带走我们身体的热量。

风的冷却作用有多大呢？这取决于风速和空气的温度。一般来说比人们想象的要大得多。举个例子，如果空气的温度是 4℃，但是一点风都没有的话，我们皮肤的温度就会是 31℃。如果此时吹着微风，能恰好吹动旗子但还不能吹动树叶的微风（风速为每秒钟 2 米），那么皮肤的温度就会下降 7℃。在风能使红旗飘扬的时候（风速为每秒钟 6 米），皮肤的温度就会下降到 22℃：温度下降了 9℃。这些数据我们是从卡利坦的《大气物理原理在医学上的应用》一书中摘录来的。感兴趣的读者可以从中找到更为有趣的详细描述。

因此，要判断我们对寒冷的感受程度，光考虑温度是不够的，还需要注意风速的影响。在相同的严寒天气，莫斯科的人会比圣彼得堡的人觉得更容易忍受一些，因为波罗的海沿岸的风速是每秒 5~6 米，莫斯科是每秒 4.5 米，而外贝加尔区的平均风速只有 1.3 米，因此那里的严寒也会好受一些。东西伯利亚的严寒并不如我们想象的那般严酷难耐，东西伯利亚基本无风，尤其是在冬季。

## 7.3  沙漠里的"滚烫的呼吸"

"这就是说，风在炎热的日子里可以带来凉意了。"看完上面一篇文章之后，读者可能会说，"那为什么旅行家们会提到沙漠中'滚烫的呼吸'呢？"

对这个矛盾我们是这样解释的：热带地区的气候，空气比我们的人体更热。这样大家就不应当觉得奇怪了：在那些地方刮风的时候，人不会感到凉爽，而是更热。此时已经不是人体把热传导给空气，而是空气加热着人体了。因此，每分钟跟人体接触的空气越多，人就会觉得越热。当然，风还是会加强蒸发现象，但是热风带给人的热还是要多一些。这就是沙漠里的居民要穿长袍，要戴皮帽的原因。

## 7.4  面纱能保温吗？

这又是一个日常生活中的物理学问题。妇女们都会证实说，面纱可以保温，没有了它脸就会觉得冷。不过看着如此薄的面纱，并且上面还有相当大的空隙，男人们通常不会相信这样的话，他们会以为这只是妇女们的心理作用。

但是，如果回想一下上述内容，就不会认为这个说法没有根据了。不论面纱上的孔有多大，空气在通过面纱的时候速度都会慢下来。直接贴在脸上的那一层空气变热了之后，本来就像是一个"面膜"，这时候由于面纱的阻挡作用，不会像没有面纱的时候那样很快被风吹散。所以没有理由不相信妇女们的话，在稍微有点冷和有微风的时候，不戴面纱会比戴着面纱感觉更冷一些。

## 7.5　冷水瓶

如果大家没有见过这种水瓶，那也应当听说过或者说在书上读到过。这是一种用没有烧过的黏土做的容器，它具有一种有趣的性能：可以使装在里面的水变得比周围的物体更凉一些。南方的很多民族都是用这种水瓶，它们拥有各式各样的名字——西班牙叫"阿里卡拉查"，在埃及叫做"戈乌拉"，等等。

这些水瓶制冷的奥秘很简单：液体透过黏土水瓶壁往外渗的时候，会慢慢地蒸发，这样就带走容器和水的一部分热量。

但是我们会看到那些在南方各个国家旅行者的日记里写道，这种容器的制冷作用很强，这种说法是不正确的。制冷作用不会很明显。因为它取决于很多条件。外面的空气越热，渗透到容器外的液体会蒸发得越快，这样容器里面的水就会越凉快。它和周围空气的湿度也有关系：空气里的水分越多，蒸发越缓慢，容器里面的水就不太容易冷却；相反，如果空气干燥，蒸发就会比较快，这种容器的制冷作用就会更明显。风也能加速蒸发，有利于制冷。这一点很容易证明：当穿着湿的衣服出现在温暖有风的日子里，就会觉得凉快。冷水瓶里面的水的温度下降的幅度不会超过5℃。在南方炎热的日子里，当温度计指示着33℃的时候，冷水瓶里面的水的温度会和温水浴池的温度一样高，为28℃。可见，这种冷却作用其实是没有多大用处的。但是冷水瓶可以很好地保持冷水的温度，使它不变热。这也是它们的主要用途。

我们可以来计算一下这种冷水瓶的水可以冷到什么程度。

假设我们有一个可以装5升水的冷水瓶，并且里面有0.1升水已经蒸发了。在温度是33℃的天气里，蒸发1升（1千克）水需要大约580卡的热量。我们的水已经蒸发了 0.1 升，那么热量已经消耗掉了 58 卡。假如全部的热量都来自瓶里的水，那么容器里面的水的温度就会降低 $\frac{58}{5}$，也就是大约 12℃。但是蒸发的大部分热量是从瓶壁和瓶壁周围的空气中得到的；另外，瓶里的水在冷却的同时，又从贴在瓶外的热空气中获得热量而变热。所以，瓶里的水只能冷却到上述数据的一半。

水瓶究竟是在太阳下的制冷作用好一些，还是在阴影下更容易使水变冷，这一点很难说。太阳会加快蒸发，但是也会加强热传递；也许，最好的方法是把冷水瓶放在微风中的阴影下。

## 7.6 没有冰的"冰箱"

利用蒸发制冷的原理，可以制造一种不使用冰的冰箱，用于保存食物。这种冰箱的构造很简单：木制的（最好使用白铁皮），冰箱里面有架子，架子上可以放置需要冷藏的食物。箱顶放一个长的容器，里面装有清洁的凉水。再将一块粗布的一端浸在水里，让布的其余部分顺着冰箱后壁往下搭，使得另一端落在冰箱下面的另一个容器里。粗布湿透之后，水就会像通过灯芯一样，不断渗进粗布。这时候水慢慢蒸发，就会使冰箱的各个部分变冷。

这种"冰箱"需要放在凉爽的地方，每天晚上需要更换其中的冷水，使它在夜里完全变凉。当然，毫无疑问的是，盛水用的容器和吸水的粗布应该是十分干净的。

## 7.7 我们能忍受什么样的炎热?

人的耐热能力比通常想象的要强很多：南方各国人民能忍受的高温，比我们住在温带的人认为的要高很多。澳洲中部夏天阴影下的温度常常有46℃，有时候甚至达到 55℃。当轮船从红海驶入波斯湾的时候，尽管船舱里有不停工作的通风设备，但温度依然可以达到 50℃甚至更高。

地球上大自然中最高的温度没有超过 57℃。这个温度是在北美洲加利福尼亚一个叫做"死谷"的地方测到的。俄罗斯最热的地方是中亚，那里的温度不会超过 50℃。

上述温度都是在阴影下测量出来的。我现在顺便解释一下，为什么气象学家喜欢测量阴影下而不是太阳下的温度。原因是，放在阴影下的温度计测量出来的才是空气的温度。放在太阳下的温度计，会被太阳晒得比周围的空气热很多，因此测出来的就不是周围空气的温度了。所以将温度计放在太阳下来测量温度没有任何意义。

曾经有人用实验方法测出了人能忍受的最高温度。实验表明，在干燥的空气里，如果人体周围的空气温度是慢慢地升高的，那么人不但能忍受沸水的温度（100℃），有时候还可以忍受高达 160℃的高温。英国物理学家布拉格顿和钦特利为了做实验在面包房烧热的炉子里待过几个小时。丁达尔曾说过："即便房间里的温度可以煮鸡蛋和烤牛排，人待在里面也不会有害。"

如何来解释人的这种耐热能力呢？原因在于，我们的人体实际上并没有吸收这样的温度，而是保持着接近正常体温的温度。人的机体用出汗的方法来抵抗高温。汗水蒸发的时候，就会从贴近皮肤的那一层空气中吸收大量热量，使这层空气的温度大大降低。不过人体能够忍受高温需要一个条件：人体不能直接接触热源，空气必须是干燥的。

去过中亚的人都知道，那里 37℃的高温其实并非难以忍受。但是圣彼得堡 24℃的温度就使人难以忍受了。原因是圣彼得堡的空气湿度很大。但中亚是极其干燥的，雨水是十分罕见的现象。

## 7.8　温度计还是气压计？

有一个笑话很有名，讲的是一个由于以下原因不愿意洗澡的人：

"我把气压计插在浴盆里,可是气压计显示会有雷雨,这时候洗澡太危险了!"

大家不要认为总是能轻易地区分温度计和气压计。有一些气压计,准确地说是验温器,很容易会被当做气压计,同样,有一些气压计也能被当做温度计。希腊的希罗想出的那种验温器就是一个例子(图84)。当太阳光把球晒热之后,球上部的空气就会膨胀,膨胀的空气就顺着曲管把水压到球外;水开始从管的一端滴到漏斗里,再从漏斗流到下面的箱子里。天气寒冷的时候,球里的空气压力减小,下面箱子里的水就在外面空气的压力作用下沿着直管上升到球里。

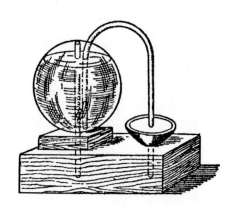

图 84 希罗的检温器。

但是这个仪器对气压的变化也是很敏感的:当外面的压力降低的时候,球内的空气还保持着较高的气压,因此就会膨胀,并把一部分水顺着管子压进漏斗里。当外面的气压升高的时候,箱子里的一部分水就会被外面较高的气压压到球里去。温度变化 1℃会使球里空气的体积发生变化,这个变化相当于 $\frac{760}{273}$ 毫米(大约 2.5 毫米)气压计上汞柱的变化。莫斯科气压的变动可以达到 20 毫米以上,20 毫米相当于希罗验温器上 8℃——这就是说,气压降低 20 毫米会被误认为是温度升高了 8℃。

大家可以看到，古老的验温器丝毫不亚于一个气压计。我们市场上有一段时间可以买到一种盛水的气压计，它差不多也是一种温度计。但是这一点，不仅买者没想到，就连发明者也不会这么认为。

## 7.9 煤油灯上的玻璃罩是做什么用的？

很少有人知道，煤油灯上的玻璃罩在很久以前不是这样的，它经历了一个很长的发展过程。

在长达几千年的时间里，人们利用火来照明，但是并没有使用玻璃。天才达·芬奇（1452~1591）对灯做了这样一个十分重要的改进。但是达·芬奇使用的不是玻璃，而是用金属筒将灯罩了起来。又过了 3 个世纪，人们终于想到用透明的玻璃圆柱代替金属筒来作为灯罩。大家可以看到，玻璃灯罩的发明耗费了上十代人的时间。

这个灯罩有什么样的作用呢？

这是一个极其简单的问题，但是并非每一个人都能正确地回答。回答说是为了挡风——这不过是玻璃的第二个功用。它最主要的作用是提高灯的亮度，加快燃烧过程。玻璃的作用和炉子或者工厂的烟囱的作用一样：它将空气引向火苗，增强通风。

我们来仔细研究一下：玻璃中的那个空气柱，在火苗的作用下，比火苗周围的空气受热快很多。根据阿基米德原理，空气受热之后会变轻，就会被没有加热的更重的空气排挤向上流动。这样，空气就不断地从下向上运动，这种流动会不断带走燃烧生成的产物，并且带来新鲜的空气。玻璃灯罩越高，热空气柱和冷空气柱在重量上的差数就会越大，这样一来，新鲜空气就会更快地流入灯罩，使燃烧进行得更快。这和高高的工厂烟囱里面发生的情况是一样的。因此，烟囱通常都会做得很高。

有趣的是，达·芬奇详细地阐述了这种现象。在他的手稿里面，我们读到这样的话："有火的地方的周围会形成气流，这个气流能够帮助燃烧，并且加强燃烧。"

## 7.10　为什么火苗不会自己熄灭？

如果仔细想想燃烧的过程，就会不自觉地产生这样一个问题：为什么火苗不会自己熄灭呢？要知道燃烧产生的二氧化碳和水蒸气都是不能燃烧的物质，是不能助燃的。因此，从燃烧一开始，火苗就被不能助燃的物质包围着，这些物质会妨碍空气流动。没有空气燃烧是无法继续进行的，火苗就应当会熄灭。

那么为什么火苗没有熄灭呢？为什么燃烧会一直持续到可燃物质耗尽呢？这是因为，气体受热之后会膨胀，会变轻。就只是因为这一点，热的燃烧产物不会停留在原地或者靠近火焰的地方，它会快速被新鲜的空气排挤开去。假如阿基米德原理不适用于气体（或者说如果没有了重力），那么任何火焰在燃烧一段时间之后，都会自己熄灭。

很容易证实，燃烧物对火苗有什么样的不利影响。大家经常都在利用燃烧后产物来灭灯，但是自己却没有想到这一点。大家是如何吹灭油灯的呢？从上往下吹灯的时候，就是在把燃烧生产的不能助燃的物质赶向火苗。火苗因为没有了充足的空气就熄灭了。

## 7.11　儒勒·凡尔纳小说中未写的一章

儒勒·凡尔纳详细地向我们描述了坐在奔月的炮弹车厢的三个人是如

何打发时间的。但是他没有写米歇尔·埃尔唐是如何在这样的环境中完成自己炊事员的任务的。也许，这位小说家觉得在飞行炮弹里的烹饪工作不值得描写。如果他真的这样认为的话，就错了。因为飞行的炮弹中的一切物体都没有了重量。儒勒·凡尔纳忽略了这一点。如果大家觉得在没有重量的厨房里做饭确实是一件值得小说家书写的事情的话，那就只能惋惜这位《从地球到月球》的作者没有给予这个题目任何重视了。我尽我所能地将小说中未写的这一章写出来，以便读者能有一定的认识。

在读这一章节的内容的时候，大家需要随时记住一点：炮弹里面是没有重量的，所有的物体都是没有重量的。

## 7.12 在失重的厨房里做早餐

"朋友们，要知道我们还没吃早饭呢"，米歇尔·埃尔唐对自己的星际旅行同伴说，"虽然我们在炮弹车厢中丧失了重量，但总不至于食欲也没有了吧。朋友们，我打算给各位准备一顿没有重量的早餐，当然，这顿早餐是由几道世界上最轻的菜组成的。"

还没得到同伴们的回答，这位法国人就开始做早餐了。

"我们的水瓶怎么像是空的了？"埃尔唐拿着那个被拔去了瓶塞的大水瓶，自言自语道。"别骗我：我可知道你为什么会这么轻……塞子已经被拔掉了，快将你那没有重量的东西倒进锅里吧！"

但无论他怎么倾倒水瓶，都不见水流出来。

"别忙活了，亲爱的埃尔唐"，尼克尔走过来帮忙了，"你要知道，我们这个炮弹中是没有重力的，因此水是倒不出来的。你应当像倒浓糖浆一样将它抖出来。"

埃尔唐没多想，用手掌在底朝天的玻璃瓶底拍了一下。新的意想不到的事情发生了：瓶口立刻出现了一个拳头大小的水球。

"我们的水怎么了？"埃尔唐疑惑不解，"我承认，我可没想到这一点。我的学者朋友，你给解释一下。"

"亲爱的埃尔唐，这是水滴，常见的水滴。在没有重力的世界里水滴可以要多大有多大。你要记住，液体只有在重力的作用下，才会呈现容器的形状，才会成股地往下流。这里没有重力，所以液体就只受到它自身内部的分子的力的影响，因此就会呈球状，就像有名的普拉图实验室里的油一样。"

"我懒得去理什么普拉图的实验！我不过是想烧水做汤。我发誓，任何分子也阻止不了我。"这位法国人急躁地说。

他开始使劲地把水倒在那飘浮在空中的锅里——但似乎一切都跟他对着干：那些大大的水珠到达锅里之后，就沿着锅面散了开来。可事情还没有完：水从锅的内壁越到外壁，顺着锅壁散开——于是这口锅就好像是罩上了厚厚的一层水。将这样的水烧开是完全不可能的。

"这就是一个有趣的实验，证明内聚力是多么的强大。"沉着的尼克尔平静地对怒气冲冲的埃尔唐说。"你不要紧张，这只是普通的液体润湿固体现象。只有在这种情况下重力才没有办法阻止这种现象的发生。"

"没有重力来阻止，那可是见鬼了！"埃尔唐反驳道，"不管这是不是液体润湿固体现象，我需要的是水在锅里，而不是在锅外面！这种情况下，世界上没有哪位厨师能做出汤来！"

"如果这种润湿现象妨碍了你，你完全可以轻易地就阻止它"，巴尔比根站起来说道，"你还记得吗，当物体上涂了哪怕只是薄薄的油的时候，水就不能润湿它。只需要在锅外面涂上一层油，就可以把水留在锅里了。"

"太好了，这才是我认为的真正的学问！"埃尔唐一面照做，一面高兴地说道，然后开始在煤气炉上烧水。

但似乎一切都在跟埃尔唐作对。煤气炉也开始调皮起来了：淡淡的火焰燃烧了不过半分钟，就毫无征兆地灭了。

埃尔唐来开始围着煤气炉转悠起来，耐心地伺候着火苗，但他的忙碌没有取得任何结果：火苗还是不燃。

"巴尔比根，尼克尔！难道就没有办法让这固执的火按照你们的物理学原理和煤气公司的章程燃烧起来吗？"这位沮丧的法国人开始求助于朋友了。

"不过这并不是什么非同寻常的事情。"尼克尔解释道，"这火苗就是根据物理学原理来燃烧的，至于煤气公司……我想要是没有了重力的话，他们也得破产。你知道的，燃烧的时候会产生一些二氧化碳和水蒸气等能阻燃的物质。通常这些燃烧生成物是不会留在火焰附近的：因为它们是热的，因此比较轻，就会被周围流过来的空气排挤往上走。但是由于我们这里没有重力，所以燃烧生成物就留在了原地，在火焰周围形成一层不能燃烧的气体，阻止了新鲜空气同火焰靠近，这就是为什么火焰如此渺小暗淡，熄灭得如此之快。要知道灭火器的原理也是这样的：使用不能燃烧的物体来包围火焰。"

"照你的意思"，法国人打断尼克尔的话，"如果地球上没有了重力，也就用不着救火队了，火会自己熄灭，对吗？"

"完全正确！不过现在你再把火点燃，然后对着火焰吹气，我希望我们能成功地利用人工的方法来使火焰像在地球上一样燃烧。"

他们就这样做了。埃尔唐再次点燃煤气炉，着手做饭，但同时有些幸灾乐祸地看着尼克尔和巴尔比根两人轮流吹火，使新鲜空气能够源源不断地流到火焰里头去。在这位法国人看来，这些麻烦全是他那些朋友的科学招来的。

"你们这有些像是工厂里的烟囱"，埃尔唐有点讥讽地说道，"我很可怜你们，我的学者朋友们，但如果我们想要能吃上一顿热的早餐，就得服从你们那物理学的安排。"

但是过了一刻钟，半小时，一小时，锅里的水还没有要开的意思。

"你得耐心点，亲爱的埃尔唐，你看到了吗，平常有重量的水很快就会热。为什么呢？仅仅是因为水在发生对流作用：下层的水热了就会变轻，就会被冷水挤到上面去，这样所有的水很快就会得到很高的温度。你难道见过从上面将水烧开，而不是从下面烧开的吗？这个时候水不会发生对流作用，因为上层烧热的水就只会停留在原处。水的热传导能力是很弱的。就算上层水已经烧开，下层的水里可能还有没有融化的冰块呢！但在我们这个没有重量的世界里，这个没有什么区别的：锅里的水不会发生对流，所以水就会热得特别慢。如果你希望水热得快一些，就得不断搅动水。"

尼克尔告诉埃尔唐说，他可不能将水烧到100℃，只能将水温烧得稍微低一些。水在100℃的时候会产生许多水蒸气，水蒸气此时跟水的比重是一样的（都等于零），它们会混在一起，形成均匀的泡沫。

接着豌豆又出人意料地捣蛋起来。埃尔唐只不过是解开口袋轻轻地拨弄了一下，豌豆就四散开来，在车厢里不停地飘来飘去，碰到墙壁弹了回来。这些飘着的豌豆差点惹了大祸：尼克尔不小心吸了一颗豌豆，不断地咳嗽，差点噎死了。为了避免再发生类似危险的情况，为了清洁空气，我们的这些朋友们开始耐心地用网捕捉飞豆，这网是埃尔唐带在身边，预备去月球上"采集蝴蝶标本"用的。

在这种环境中要做一顿饭可真不容易。埃尔唐肯定地说，即便是最有本领的厨师，到了这儿也不会有什么办法的。煎牛排也不轻松：必须始终用叉子叉住牛排，否则牛排下面的油蒸气就会把牛排推到锅外面去。没有煎熟的肉会往"上"飞——我们暂且用这个词，因为这里没有上下之分。

在这个没有重力的世界里，吃饭本身也是很奇怪的。朋友们以各种姿势悬在空中，这种情景很好看，但是却时时会发生彼此撞头的现象。要坐下来显然是不能的。所有的桌子、椅子、沙发等物品，在这个没有重量的世界也是没用的。实际上，要不是埃尔唐一直坚持在"桌旁"吃饭的话，桌子也是完全用不着的。

烧汤已经不容易了，但是要喝汤更困难。无论如何都没法把这些没有重量的肉汤分别倒在几个盘子里。埃尔唐为这事忙活了整整一个早上，他忘记了肉汤是没有重量的。他烦闷地将锅翻了个底朝天，想以此把肉汤"赶"出锅。结果，却从锅里飞出了一个很大的球形水滴——丸子一样的肉汤。埃尔唐需要有魔术家的本领，才能将这熟的"肉汤丸子"给捉回来，放进锅里。

试图用汤匙来盛汤也没有成功：肉汤把整个汤匙一直到手指全部弄湿了，并且还密密地覆盖在汤匙上。最后在汤匙上图了一层油，才防止了这种润湿现象。但事情并没有好转：汤匙中的肉汤变成了小球，无论怎样都不能把这种没有重量的"丸子"顺利地送进嘴里。

最后还是尼克尔想了一个办法，解决了这个问题，他用蜡纸做了吸管，大家才借助这些吸管喝上了汤。在接下来的旅途中，我们的这些朋友都是用这种方法来喝水、喝酒以及饮用其他各种液体的。

## 7.13 为什么水能灭火？

这样一个简单的问题各位并非都能回答正确。我们再次简单地叙述一下这种情况水对火的作用，希望读者不要认为这是多此一举。

首先，水接触到炽热的物体会变成水蒸气，从物体上带走很多热量。沸水变成水蒸气需要的热量，是相同数量的冷水加热到100℃所需要的热量的五倍多。

其次，由此形成的水蒸气的体积，是产生它的水的体积的好几百倍。水蒸气包围在燃烧的物体周围，阻止了物体和空气的接触，没有了空气，燃烧就无法继续进行。

有时候为了加强水的灭火能力，需要向水里加一些火药。这听起来有一些奇怪，但是却完全是有道理的：火药会快速燃烧，产生大量不能燃烧的物体；这些物体会包围着燃烧的物体，使得燃烧很困难。

## 7.14　怎样用火来灭火？

大家也许听过，最好的、有时甚至是唯一的跟森林或者草原火灾斗争的办法就是——点燃大火蔓延方向的森林或者草地。新燃起的火焰向着猖獗的火海前进，烧掉易燃的物质，使大火失去燃料。两堵火墙相遇的时候，就会立刻熄灭，好像彼此吞食了一样。

许多人一定读过库帕写的长篇小说《草原》，里面就写道，美洲草原发生大火的时候，人们使用这种方法来灭火。难道我们能忘记，一位老猎人把一些困在草原上大火里差点被烧死的游客救出来的情景吗？以下是小说中关于灭火的描写：

老人突然下定了决心。

"是时候行动了。"他说。

"可怜的老头子，已经太晚了。"米德里顿叫道，"大火距离我们只有四分之一英里，风以如此可怕的速度席卷着大火向我们扑过来。"

"是吗！火！我可不怕它。好了，孩子们，别光站着！马上动手割倒这一片草，清理出一块空地来！"

　　很快就清理出了一块直径大约 20 英尺的空地。老人吩咐妇女们用毯子将身上容易着火的衣服包裹起来，然后将她们带到空地的边上去。做了这些预防措施之后，老人走到空地的另一边，大火已经像一堵危险的高墙，把游客们包围起来了。老人拿了一捆干燥的草放在枪托上点燃，然后将着了火的干草扔到高树丛，走到空地中央，耐心地等待着。

图 85　用火来扑灭草原上的大火。

　　老人放的这一把火贪婪地扑向新的燃料，一瞬间草地就着火了。

　　"好，现在你们就可以看看火是怎样跟火斗争的了。"老人说道。

　　"这样难道不危险吗？"吃惊的米德里顿叫道，"你不仅没有把敌人赶走，还将它引到身边来了！"

　　火势越来越大，开始向三个方向蔓延，但第四个方向没有燃料，火就熄灭了。顺着火势的蔓延，出现的空地也越来越大，一片还冒着黑烟的空地，比刚才大伙用镰刀割出的那一片空地还要干净。

　　随着火焰的扩大，刚才清理出的这一块地方越来越宽敞，要不是这样的话，那些游客的处境会十分危险。

几分钟之后，各个方向的火都退去了，还剩下烟包围着人们，但这已经不危险了，大火已经疯狂地向前奔去了。

大伙儿吃惊地看着老猎人用这种简单的办法扑灭了火，就如同费迪南的朝臣看着哥伦布竖鸡蛋一样。

但是这种用来扑灭森林和草原大火的办法，并不像看起来那么简单。需要有经验的人才能利用迎火燃烧的方法来灭火，否则会引发更大的灾难。

至于为什么需要丰富的经验，大家只需要问自己下面一个问题就能明白了：为什么老猎人放的火会迎着火烧去，不会朝相反的方向蔓延呢？要知道风是朝着那个方向吹，把火带到游客身边去的！似乎这位老人所放的火不应当迎着火海烧去，而应当向后退去。如果真是那样的话，游客们就不可避免地要被火海包围，最后被烧死了。

那么老猎人的秘诀在哪里呢？

秘诀就是普通的物理学知识。虽然风是从燃烧着的草原那一面吹向游客的，但是在离火很近的前方，应该有相反的气流朝着火焰吹。实际上，火海上面的空气变热了之后会变轻，会被没有着火的草原上吹来的新鲜空气排挤到上空。火海的边界附近就会出现一股迎着火焰而去的气流。必须当火海接近到一定程度，能觉察到有一股气流向火海涌去的时候才能动手放火。这就是为什么猎人不着急点火，而是耐心地等待适宜的时机。如果在这股气流还没有出现的时候就过早地放火，那么火就会向相反的方向蔓延过来，人们的处境就会十分危险。但也不能动手太迟，因为火离得太近，会把人烧死的。

## 7.15　能不能用沸水烧开水？

找来一个小瓶（普通小玻璃瓶或者药瓶），在瓶里装一些水，把它放在一个火上的锅里，锅里盛着干净的水。为了使小瓶不碰着锅底，当然可以把小瓶挂在一个金属环上。当锅里的水沸腾之后，似乎小瓶里的水也应当随之沸腾。但不论你等多久，都等不到这一刻：小瓶里面的水会很烫，但绝对不会开。锅里的开水似乎不能热到足以将瓶里的水烧开。

这个结果好像是出人意料的，但又是可以预先想到的。要将水烧开仅仅将其加热到100℃是不够的：还需要继续供给热量，使得水达到另一种状态：从液态变成气态。

纯净水在100℃就会沸腾，不论我们继续如何加热，在普通条件下它的温度都不会再升高。这就是说，我们用来给小瓶里面的水加热的热源只有100℃，这样的话，瓶里的水温也只能达到100℃。当瓶里瓶外的水温相同的时候，就不会再有更多的热量从锅里传递到小瓶里。

因此，使用这种方法来给瓶里的水加热的时候，我们不能供给它变成水蒸气所需要的那份多余的热量（每一克100℃的水还需要500卡以上的热量才能转化成水蒸气）。这就是为什么小瓶里的水会热，但是却不会开。

可能大家还会有这样一个问题：小瓶里的水和锅里的水有什么区别呢？要知道瓶里的水也只是水，和锅里的水之间就隔着一层玻璃而已，为什么就不能和锅里的水一样沸腾呢？

这是因为这层玻璃阻碍了瓶里的水，使它不能和锅里的水发生交换。锅里的每一个水分子都能直接跟灼热的锅底接触，而瓶里的水只能跟沸水接触。

所以，我们可以看到，不能使用纯净的沸水来烧开水。但是如果向锅里撒一把盐，情况就会发生变化了。盐水的沸点比100℃略高，所以，就能把瓶里的纯净水烧开了。

## 7.16　用雪能不能将水烧开？

"既然沸水都不能将水烧开，那就更不用说雪了！"有的读者会这样说。但在回答之前，最好是做一个实验，哪怕是使用我们刚才用过的小玻璃瓶也行。

往小瓶中装上半瓶水，把它放在沸腾的盐水锅里。瓶里的水沸腾之后，把瓶子从锅里拿出来，快速用预先准备好的瓶塞盖上。现在把瓶子倒过来，等着瓶里的水不再沸腾。

当瓶里的水不再沸腾的时候，用沸水浇瓶子，这时候的水不会沸腾。但如果在瓶底放一些雪，或者如图 86 所示，用冷水浇瓶子，大家会看到水开始沸腾了。雪做到了开水难以做到的事情。

这就叫人摸不着头脑了，这个瓶子并不是特别烫。但大家亲眼见到了，瓶里的水在沸腾！

秘密在于，雪把瓶壁冷却了，所以瓶里的水蒸气凝结成水滴。由于瓶在锅里沸腾的时候，里面的空气已经被赶了出去，所以瓶里的水受到的压力小了很多。大家知道，液体受到的压力减小，沸点就会降低。我们这里虽然说的是瓶里的开水，但这已经不是沸腾的开水了。

图 86　用冷水浇烧瓶，　　　图 87　白铁罐冷却的时候
　　瓶里的水会沸腾。　　　　　发生的意外情况。

如果瓶壁非常薄，那么小瓶可能
会因为水蒸气的突然凝结而发生类似
爆炸的情况。外面的空气没有受到来
自瓶内的足够大的反作用力，会把瓶
子压破（顺带说一下，大家可以看出
"爆炸"这个词在此也是不适用的）。
因为最好使用圆形的烧瓶（瓶底凸出
的烧瓶），这样空气的压力会作用在
瓶底。

图 88 马克·吐温的"科学探索"。

最安全的是使用装煤油或者植物
油的白铁箱来做实验。用这种箱子将少量的水烧开之后，旋紧箱盖，然后用
冷水来浇。这时候装满了水蒸气的白铁箱会被外面的空气压力压扁，因为箱
里的水蒸气受冷已经变成了水。白铁箱会变形，就像被重锤击中了一样。

## 7.17 "气压计做的汤"

美国作家马克·吐温在《浪迹海外》一书中曾谈到他在阿尔卑斯山的
一次旅行——书中的内容当然是作家想象出来的。

我们不愉快的事情算是结束了。所以人们终于可以休息一下，而
我也有机会来想想这次远征的科学问题。首先我想用气压计测量我们
所在地点的高度。但遗憾的是，没有取得任何结果。我从一些科学读
物中得知，好像是气压计，抑或是温度计需要煮一下才能指示出刻度
来。到底是其中的哪一种，我不是十分清楚，所以决定把两种一起都
煮一下。

但还是没有任何结果。我看了看两种仪器，发现它们都被煮坏了：

气压计只剩下了一根铜指针，而气压计的盛水银的小球里，还有一点水银在晃动……

我开始寻找另一根气压计，这是一个全新的很好的气压计。我将它放在厨师煮豆羹的瓦罐里煮了半小时。这次却产生了一个意外的情况：仪器完全不能用了，但汤里却有一股强烈的气压计的味道。我们的厨师是一个很聪明的人，就把菜单上的汤给换了一个新的名称。这道新的汤得到了大家的赞美，因此我每天都叫人用气压计做汤。当然气压计是完全坏了，但我一点都不觉得可惜。既然它已经帮助我测出了高度，我也就不再需要它了。

别开玩笑，我们来回答这样一个问题：到底是应该煮一下温度计还是气压计？

温度计。原因如下：我们从前面一个实验已经看出，水受到的压力越小，沸点就越低。由于随着山的高度增加大气压力在减小，所以水的沸点也在随之降低。实际上，我们也观察到了纯水在不同的大气压力下的沸点：

| 沸点（℃） | 气压（毫米汞柱） |
| --- | --- |
| 101 | 787.7 |
| 100 | 760 |
| 98 | 707 |
| 96 | 657.5 |
| 94 | 611 |
| 92 | 567 |
| 90 | 525.5 |
| 88 | 487 |
| 86 | 450 |

瑞士伯尔尼的平均气压是 713 毫米汞柱，那里的水的沸点在敞开的容

器中是 97.5℃，但是在欧洲的勃朗峰，气压是 424 毫米汞柱，沸水的温度就只有 84.5℃。每上升 1 千米，水的沸点下降 3℃。这就是说，如果我们测出了水的沸点（按照马克·吐温的说法，就是把温度计煮一下），查一下相应的表格，就可以知道这个地方的高度。为此，当然需要准备一张表，但是这一点，马克·吐温"居然"忘记了。

这里需要使用的是沸点测高（温度）计。这种仪器携带起来并不比金属气压计麻烦，但是精确度却比气压计高很多。

当然，气压计也可以用来测量高度，因为不用"煮"，它直接就可以告诉我们大气的压力：我们爬得越高，压力就越小。但是这时候，我们还需要知道，空气的压力是如何随着海拔的增加而减小的，或者应当知道它们之间的关系。我们的这位作家似乎是都没有弄清楚，所以才想出了"气压计煮汤"的事情来。

## 7.18  沸水永远都是烫的吗？

凡是读过儒勒·凡尔纳的长篇小说《赫克特尔·雪儿瓦达克》的读者显然都很熟悉勇敢的勤务兵宾·茹夫。他肯定地说，沸水在任何地方任何时候都是一样烫的。如果不是机会凑巧把他和司令官雪儿瓦达尔一起抛到了……彗星上，那他一辈子都会那么认为。这个顽皮的星体和我们的地球相撞之后，恰好把这两位主人公所在的地方撞了下来，并带着他们在自己那椭圆形的轨道上前进。就这样，这位勤务兵第一次亲眼看到，沸水并不是都一样烫的。这是他在做早饭的时候意外发现的。

宾·茹夫将水倒进锅里，把锅放在炉子上，等着水开，然后把鸡蛋放进去。这些鸡蛋在他看来好像是空的，是的，因为它们很轻。

不到两分钟，水就开了。

"真见鬼！这火是怎么烧的！"宾·茹夫高声说道。

"不是火烧得更厉害了，是水沸腾得快了。"雪儿瓦达克想了想，回答说。

他从墙上取下温度计，插在开水里。

温度计显示 66℃。

"啊！"军官叫道，"水在 66℃就开了，而不是 100℃！"

"是吗，长官？"

"是啊，宾·茹夫。我建议你把鸡蛋煮上 15 分钟。"

"但它们会变硬的！"

"不会的，老兄，15 分钟刚好能煮熟。"

这种现象的原因，当然是由于大气压降低了，地面上的空气压力降低了四分之一，所以水受到的空气压力小了，因此在 66℃就沸腾了。同样的现象在高度达到 11000 米的山上也会出现。假如这位军官随身带了气压计，它一定会告诉他气压降低的情况。

我们不去怀疑这两位主人公观察到的现象：他们说，水在 66℃的时候就沸腾了，我们也接受这个事实。但是值得怀疑的是，他们竟然在如此稀薄的大气中，没有感受到任何不舒服。

这本书的作者说，类似的现象在 11000 米的高度也可以观察得到，他的说法是正确的。在这样的高度，水的沸点确实应当是 66℃[1]。但是这种地方的空气压力应当等于 190 毫米汞柱——恰好是正常大气压力的四分之一。在如此稀薄的空气中，就连呼吸几乎都是不可能的。因为这已经是平流层的高度了。我们知道，如果飞行员不戴氧气面具的话，到达这样的高度会因为空气不足而失去知觉的，而这两位主人公竟然还感觉良好。幸好他们

---

[1] 就像我们之前说的一样，每升高 1 千米，水的沸点就会降低 3℃。那么要使水在 66℃的时候沸腾，就应当在位于 $\frac{34}{3}$，大约是 11 千米高度的地方。

的手边没有气压计，不然的话，这位小说家或许还要强迫这个仪器不按照物理学原理来工作呢。

如果我们的主人公不是来到这颗幻想的彗星上，而是来到大气压力不超过 60~70 毫米汞柱的火星上，那么他们烧开的水还要凉一些——只有 45℃。

相反，在气压比地面高很多的矿井深处，却可以得到十分烫的沸水。在 300 米的矿井里面，水的沸点是 101℃；深度为 600 米的时候，沸点是 102℃。

蒸汽机锅炉里的水也是在极高的压力下沸腾的，所以沸点很高。比如，在 14 个大气压的条件下，水的沸点是 200℃。相反，在空气泵的罩子下面，可以使水在普通室内温度下剧烈地沸腾，这时候可以得到 20℃的"沸水"。

## 7.19 烫手的"冰"

我们刚刚讲的是凉的沸水。还有一种更让人吃惊的物质："热冰"。我们习惯性地认为，高于 0℃的时候，水是不可能以固体状态存在的。英国物理学家布里奇曼的研究表明，事情并非如此：在压力极大的情况下，水可以呈现固态，并且在温度高于 0℃的时候维持这种状态。总的来讲，布里奇曼的意思是，可以存在几种形式的冰。他称为"第五种冰"的冰，是在 20600 个大气压下得到的，在 76℃的时候还能保持固体状态。如果我们触摸它的话，还可能会灼伤我们的手指。但是我们是不可能和这种冰接触的：因为这种冰是在上好的钢制成的厚壁容器中施加极大的压力得到的，因此我们不能看到或者用手拿它。关于这种"热冰"的性质，我们也是通过间接的方法知道的。

有趣的是，这种"热冰"的密度比通常的冰的密度大，甚至比水的密度大，它的比重是 1.05。它会沉到水里去，而普通的冰是浮在水面的。

## 7.20  用煤来"取冷"

煤是用来取暖的，但是用来"取冷"也不是不可能的：在一种叫做"干冰"的厂里，每天都在用煤"取冷"。人们把煤放进锅炉里燃烧，然后把得到的烟洗净，同时用碱性溶液吸收其中的二氧化碳气体。接着用加热的方法把纯净的二氧化碳气体从碱性溶液中析出来，再放到 70 个大气压下冷却和压缩，使其变成液体。这就得到了液态的二氧化碳，将它装在厚壁罐子里，送到汽水工厂或者其他工厂去。这样的二氧化碳液体是冷的，可以使土壤冰冻。莫斯科建造地铁的时候就曾使用过。但很多地方需要的是固体二氧化碳——干冰。

干冰，也就是固体二氧化碳，是用液体二氧化碳在高压下迅速冷却制成的。干冰块外形与其说像冰，还不如说像雪，它在很多方面和固体的水是有区别的。尽管温度很低（-78℃），手指是感觉不到它的冷的，如果小心地将干冰拿在手里，它和我们的身体接触就会产生二氧化碳，保护我们的皮肤不受冷。只有用力捏干冰的时候，我们的手指才有可能会被冻伤。

"干冰"这个称呼非常能够说明这种冰主要的物理性质。它从来不会是湿的，也不会将周围的东西弄湿。受热之后会马上变成气体二氧化碳，在一个大气压力下不会存在液体状态。

干冰的这一性质使它成为一种无法取代的冷却物质。用二氧化碳的冰冷藏食物，不但不会潮，还会由于二氧化碳气体的抑制微生物生长的能力不会腐烂，因此食物上不会出现霉菌和细菌。昆虫和啮齿动物也不能在这种气体中生存。最后，二氧化碳还是一种可靠的防火剂：将几块干冰扔到燃烧着的汽油里，就能灭火。这就使得干冰在工业和日常生活中都得到了广泛的应用。

# 第八章　磁和电

## 8.1 "慈石"

"慈石"这个富有诗意的名字是中国人给一种天然磁石起的名字。中国人认为,"慈石"会吸铁,就像温柔的母亲吸引着自己的孩子一样。有趣的是,住在古大陆另一端的法国人,也对磁石有一个相似的称呼。法语词"*aimant*"有"磁铁"和"慈爱"的意思。

磁石这种"慈爱"的力量并不是很大,因此希腊人将其称为"赫尔库勒斯石头"是有些天真的。如果古希腊人对磁石微弱的吸引力感到如此震惊,那么,如果他们看到现代冶金工厂里的能够举起几吨重的磁铁,又会做何感想呢?当然,这不是天然的磁石,而是电磁铁,也就是用电流通过铁心周围的线圈,从而使铁磁化而制成的。但这两种情况下起作用的都是同一性质的力量——磁性。

不要以为磁只对铁起作用。还有很多物体也会受到强大的磁力作用,虽然不像铁受的磁力那样明显。金属中的镍、钴、锰、铂、金、银、铝都会被磁铁吸引,不过被吸引的力度弱一些。还有一些所谓的反磁性物体,比如说锌、铅、硫、铋等受到强大的磁性的排斥!

液体和气体也会受到磁铁的引力或者排斥力,当然,程度会很弱。为了对这些物质产生引力,必须是磁性很强的磁铁。比如说纯净的氧气就能被磁铁所吸引,如果在肥皂泡里装满氧气,然后将其放在强大的电磁铁两极中间,这时候肥皂泡就会在看不见的磁力的牵引下,在两极中间伸展开来。放在强大的磁铁两极之间的烛光会改变自己通常的形状,明显地表现出对磁力的敏感性(图89)。

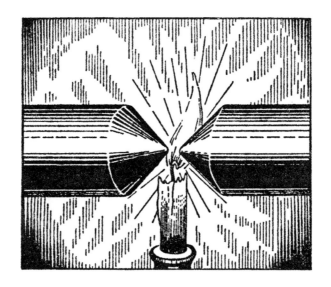

图 89　电磁铁两极之间的烛光。

## 8.2　关于指南针的问题

我们习惯地认为，指南针的指针永远是一头指向北，一头指向南。因此下面一个问题对我们来讲就有些荒谬了：在地球上的什么地方，指南针的两头都指向北？

更为荒谬的问题是：地球上什么地方的指南针两头都指向南？

大家也许会说，地球上没有也不应当有这样的地方。但是，这种地方是存在的。

如果大家还记得地球的磁极和地理上的两极并不一致的话，那么就应当能猜到上面问题中的地方了。放在地理南极上的指南针，会指向哪个方向呢？它的一端当然会指向附近的那个磁极，另一端指向相反的方向。但如果我们从南极出发，不论往哪个方向走，我们都是在往北走，在地理南极上没有其他方向，到处都是北方。这就是说，那里的指南针两头都是指向北方的。

同样，如果将指南针拿到地理北极，它的两端都会指向南方。

## 8.3 磁力线

图 90 是根据一张照片画的有趣的图画：画上是一只放在电磁铁两极上的手臂，手臂上满是一根根竖直的铁钉。手本身是不会感受到磁力的：看不见的磁力线穿过手臂，丝毫没有暴露自己的存在。

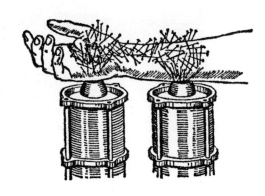

图 90　通过手臂的磁力。

而铁钉却听话地服从磁力的作用，按照一定的顺序排列在一起，向我们展示了磁力的方向。

人身上没有磁性感觉器官，所以我们只能推测到磁铁周围磁力的存在[1]。但可以用间接的方法来发现磁力的分布图。最好的就是使用铁屑。在一张光滑的厚纸或者玻璃板上均匀地撒一层铁屑；将一块普通磁铁放在厚

---

[1] 假设我们有了能直接感受到磁性的器官，那应当会是很有趣的。据说，有人曾成功地把一种磁性感觉移植到龙虾身上。这人发现，小龙虾会把极细的石头吸进自己的耳朵，这些小石头会对龙虾的平衡器官——感觉纤维起作用。类似的小石头耳石，在人的耳朵里也有，位于主要的听觉器官附近。它们在垂直方向上起作用，能指示重力的方向。此人用了一些铁屑来代替移植给龙虾的小石头，龙虾们并没有发觉。当把一块磁铁放到龙虾身边的时候，龙虾就使自己位于一个跟磁力和重力的合力垂直的平面上。近年来，人们将上述实验改进了一下，将其成功地运用到人身上。有人曾把一些小铁屑放在人的耳鼓膜上，结果人耳就能察觉磁力的振动，就如同觉察声音的振动一样。

纸或者玻璃板下面，再轻轻地敲击玻璃板或者厚纸。磁力就会自由地穿透纸板或者玻璃板，铁屑在磁铁的引力下就会磁化。磁化了的铁屑会在我们抖动的时候和厚纸或者玻璃板分开，在磁力的作用下很容易就会移动位置，落在磁针应在的位置，也就是沿着磁力线排列开来。这样一来，铁屑就会排列起来，向我们展示着看不见的磁力线的分布。

将磁铁放在厚纸板下面，纸板上放上铁屑，抖动纸板，我们就得到图91所示的图片。磁力形成了由许多曲线构成的复杂图形。大家可以看到，这些铁屑从一个磁极分布开来，彼此之间连在一起，在磁铁的两极之间形成一些短弧和一些长弧。这些铁屑让我们亲眼见证了物理学家头脑中想象的情景，展示了磁铁周围那些看不见的东西。越靠近磁极，铁屑形成的线就越密集，越清晰；反之，离磁极越远，线越稀疏，越模糊。这表明，磁力线随着距离的增加而变弱。

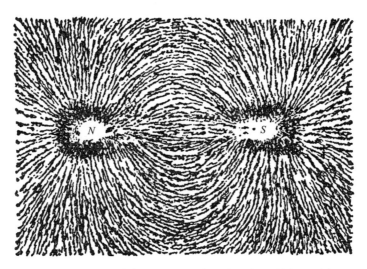

图91　厚纸下面放有磁极，纸上有铁屑的情形（根据照片）。

## 8.4 如何使钢获得磁性？

在回答这个读者经常会问的问题之前，应当首先解释清楚一点：磁铁和没有磁性的钢块之间有什么区别？磁化或者未磁化的钢里的每一个铁原子，我们都可以看成是一个小磁铁。在没有磁化的钢里，这些原子是无序排列的。因此，每一块小磁铁的作用，都被相反方向排列着的小磁铁的作用抵消了（图 92a）；反之，磁铁里的所有这些小磁铁都是有序排列着的，所有同性的磁极都朝向同一个方向（图 92b）。

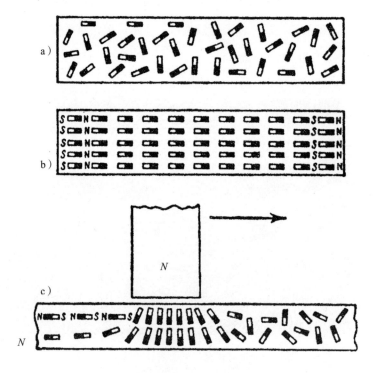

图 92　a：未磁化的钢条中的原子小磁铁的排列；
　　　　b：磁化了的钢条中的原子小磁铁的排列；
　　c：磁铁的磁极对钢条中的原子小磁铁的作用。

用一块磁铁来摩擦钢条，会发生什么情况呢？磁铁会用自己的引力使钢条中的小磁铁的同性磁极都转向一个方向。图 92c 展示的就是这种情况：小磁铁开始的时候使自己的南极指向磁铁的北极，当磁铁移开一些距离之后，它们就顺着磁铁运动的方向排列，南极都朝向钢条中部。

由此可见，在磁化钢条的时候，应当如何运用磁铁：应该把磁铁的一极放在钢条的一端，并紧紧按住磁铁，慢慢地顺着钢条移动磁铁。这是最简单、最古老的一种磁化方法，不过只适合用来制造小型的、磁力较弱的磁铁。利用电流的性质可以制造强力磁铁。

## 8.5　庞大的电磁铁

在冶金工厂里，可以看到用来搬运大型货物的电磁起重机。这种起重机在铸造厂和类似工厂中对提取和搬运铁块起了重要的作用。不用捆扎就能很方便地用这种磁铁起重机搬运几十吨重的大铁块或者机器零件。同样，也能用这种起重机搬运铁片、铁丝、铁钉、废铁以及别的各种材料，这些东西的搬运都很麻烦，但使用电磁起重机可以不用装箱和打包。

在图 93 和图 94 中，大家可以看到这种磁铁的功用。收集和搬运一堆堆的铁块是很麻烦的事情，但是图 93 中的强大的电磁起重机却能一次性收集和搬运，这不仅节省了能量，还简化了工作。图 94 是电磁起重机在搬运装在木桶里的铁钉，一次可以举起 6 桶！一家冶金厂有 4 台起重机，每一台可以一次搬运 10 根铁轨，取代了 200 个工人的体力劳动。只要起重机电线圈里的电流不断，就不用担心重物在机器上系得是否牢固。

但是如果线圈里的电流由于某种原因中断了，就难以避免灾难的发生。这种情况最开始是有的。我在一本技术杂志里面读到过："在一家美国的工厂里，电磁起重机举着装在车厢里的铁块，准备将其扔进炉里。但是尼亚加拉大瀑布的发电厂出事故断电了。巨大的金属块从电磁铁上掉了下来，砸在了工人的头上。为了避免类似悲惨事情的发生，同时也是为了节省电能，就在电磁铁上安上了特别的装置。当磁铁举起重物之后，就有些坚固的钢爪从旁边落下来将它们紧紧扣住，并能支撑着重物，因此在搬运的时候也可以停一会儿电。"

图 93 和图 94 中所画的电磁起重机的直径可达 1.5 米，每一台起重机可以举起 16 吨重物（一节火车的重量）。这样的起重机一昼夜可以搬运 600 吨货物。还有一次性可以搬运 75 吨货物也就是整个机车重量的电磁起重机！

图 93　用来搬运铁片的电磁起重机。　图 94　搬运整桶铁钉的电磁起重机。

看了电磁起重机的工作后，有的读者也许会这样想：如果用电磁起重机来搬运滚烫的铁块，那该有多方便啊！但遗憾的是，这种工作只有在一定的温度范围内才可以，因为灼热的铁块是没有被磁化的。加热到 800 ℃以后磁铁就失去了自身的磁效应。

现代金属加工技术广泛地利用磁铁来稳固和搬运钢、铁与铸铁制件。已经制造出了几百种不同的卡盘、工作台和各种其他装置，大大地简化和加快了金属加工的过程。

## 8.6 磁铁魔术

魔术师们有时候也会利用电磁铁的力量。可以设想，他们借用这种看不见的力量可以表演出多么精彩的节目。达里曾经在他有名的著作《电的应用》中谈到一位法国魔术师演出的情况。这场魔术对那些不知情的观众产生了魔法般的效应。

台上有一个包着铁皮的小箱子，箱盖上有提手。魔术师说：我现在从观众中请出一位力气较大的人。这时候走出来一位阿拉伯人，中等身材，但是体格健硕，就像一位阿拉伯的大力士。他带着勇敢和自信的面容，略带开玩笑的态度，来到我身边。

"你的力气很大吗？"我从头到脚打量了他一番，问道。

"是的。"他满不在乎地答道。

"你相信你总是会很有力气吗？"

"完全相信。"

"你错了：我一会儿就能使你失去力气，变得像一个小孩子那样虚弱。"阿拉伯人轻蔑地笑笑，表示不相信我的话。

"你过来一下"，我说，"把箱子举起来。"阿拉伯人弯下腰，举起箱子，高傲地问道："就这样？"

"稍等。"我回答说。然后我装出一脸严肃的样子，做了一个命令式的动作，用庄严的声音说道：

"你现在还没有一位妇女的力气大了，你再试试看能不能举起箱子？"

这位大力士一点也没有把我的魔术放在眼里，又开始搬箱子了。但这一次箱子似乎是有了抵抗力。不论阿拉伯人怎么使劲，都纹丝不动，好像是钉在了原地似的。这位大力士使出了所有的力气，但是完全没用。他累得直喘气，最后羞愧地停了下来。这时他终于相信魔术的力量了。

这位"文明的传播者"所表演的魔术的奥秘很简单。箱子的铁底被放在了一个强大的电磁铁的磁极上了。在没有电流通过的时候，举起箱子并不难；但是一旦电磁铁的线圈通电了，就算是两三个人也别想挪动它了。

## 8.7 磁铁在农业上的应用

磁铁还有一种更有趣的用途，那就是在农业上帮助农民除掉农作物种子中的杂草种子。杂草种子上会有绒毛，容易黏附在过往的动物毛上，借此就能散布到离母体植物很远的地方去。杂草的这种在几百万年生存斗争中获得的特点，却被农业技术利用来除掉它的种子。农业技术专家利用磁铁，将杂草粗糙的种子从作物种子中挑选出来。如果在混有杂草种子的作物种子里撒上一些铁屑，铁屑就会黏在杂草种子上，而不会黏在光滑的作物种子上。这时候使用一个力量足够大的电磁铁，就能都将混合的种子分开：电磁铁把所有粘有铁屑的杂草种子都吸了出来。

## 8.8 磁力飞行器

在本书的开头，我曾提到过法国作家西拉诺·德·别尔热拉克的著作《月国史话》，在这本书中，描写了一种有趣的飞行器，它的作用原理也是磁力，借助这个飞行器，小说的一位主人公飞到了月球。现在我将书中的内容引述在此：

　　我叫人制造了一辆很轻的铁车；我上了铁车舒服地落座之后，就把一个磁铁球向上抛去。铁车马上就向上移动。每次达到那个吸引着我的磁球的地方，我都重新将其往上抛。甚至我只不过是稍微将磁铁球举起来，铁车也会向上升起，努力靠近铁球。经过很多次抛铁球之后，铁车上升了很多，我就来到了那个我将降落到月球上去的地方。这时候我手里还紧紧地握着磁铁球，所以铁车还紧跟着我不离开我。为了在降落的时候不摔倒，我将铁球以这样一种方式抛了出去：使得铁车在它的引力下慢慢地降落。当距离月面只有二三百俄丈 [①] 的时候，我将铁球向着垂直于降落方向的地方抛去，直到铁车完全接近月面。这样我就跳出铁车，轻松地降落到了沙地上。

任何人——无论是小说作者，还是读者——都没有怀疑过书中描述的飞行器的用处。我认为，并不是很多人都能正确地说出这个设计无法实现的原因：是因为坐在铁车中不能向上抛磁铁呢，还是铁车不会受磁铁的吸引，抑或是其他什么原因呢？

不，可以抛磁铁，它如果足够强大的话，是可以吸引铁车的——不过这个飞行器是无论如何也不会往上飞的。

大家是否有从船上向岸上抛重物的经历呢？毫无疑问，这时候我们会看到船本身会向河心退去。在给予抛出去的物体一个推力的时候，你的身体肌肉同时在向后推着你的身体（以及船只）。这就是我们多次讲过的作用力与反作用力的规律在起作用。在抛磁铁的时候也会出现类似的情况。坐在车上抛磁铁（因为球会强烈地吸引着铁车）的人，不可避免地要把整个铁车往下推。当铁车和磁铁再次靠近的时候，它们不过是回到了原来的位置。显然，即便是铁车一点重量也没有，抛磁铁的方法也只能使它围绕某个中心上下摆动。使用这种方法让铁车前进是不可能的。

在西拉诺的时代（17 世纪中叶）人们还不知道作用力与反作用力

---

① 1 俄丈约合 2.134 米。

定律。因此，这位法国讽刺作家也不能清楚地解释自己这个设计的不合理性。

## 8.9　悬浮在空中

有一次电磁铁在工作的时候出现了一个有趣的现象。一位工作人员发现，电磁铁吸起了一个带有短链子的重铁球，这条链子是固定在地面上的，所以就使得铁球和磁铁不能完全贴近：铁球和磁铁之间还有巴掌大的缝隙。这是一幅多么不寻常的画面：一根铁链子竖直立在地面上！磁铁的力量是如此之大，使得铁链子一直维持着垂直的位置，甚至上面吊了一个人[1]也没有将其位置改变。当时刚好有一位摄影家在旁，他用胶卷记录下了这一有趣的时刻（图95）。

在很早以前，就有人对此现象做过研究。欧拉在《关于各种物理物质的书信》中写道："靠磁力悬浮似乎不是不可能的，因为有些人造的磁铁可以举起100磅的重量[2]。"

这种解释是站不住脚的。即使用这种方法（也就是利用磁铁的引力）能够一时保持类似的平衡，但是很小的一些动荡，空气的流动就足以将这个平衡打破。要使其固定不动，实际上是不可能的，这就如同将圆锥体倒立在它的顶点上，理论上也是行不通的。

不过，利用磁铁完全可以制造出"悬浮"的现象——只不过不是利用

---

[1] 这说明电磁铁的力量非常强大，因为磁铁的引力是随着电极和被吸引的物体之间的距离的增大而减小的。如果有一个蹄形磁铁，它和物体直接接触的时候能够吸引100克的重物；但如果在磁铁和重物之间放上一张纸，它能举起的重量就会减小一半。这就是为什么一般不在磁铁的两端涂漆，即使油漆可以防锈。

[2] 这段话写于1774年，当时还没有电磁铁。

它们之间的相互吸引力，而利用的是相互之间的斥力（关于磁铁不但能够吸引，还能够排斥这一点，很多刚刚学过物理的人都经常会忘记）。我们知道，磁铁的同极相斥。如果将两块磁化的铁放在一起，使它们的同极上下重叠，那么它们就会相互排斥；如果上面的一块磁铁重量适中，那么就可以使它悬在下面一块的上面，而不同它接触，维持着平衡的状态。只需要使用几根不能磁化的材料（比如玻璃）做支柱，就可以组织上面那块磁铁做水平运动。

最后，如果使用磁铁的引力来作用于运动着的物体，也会出现这种现象。有人根据这种思想设计了一种没有摩擦力的电磁铁路（图 96）。这个设计富有教育意义，因此每一个爱好物理学的人，都应当对此有所了解。

图 95　一条竖直的铁链，上面挂着重物。

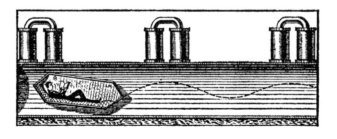

图 96　火车车厢在电磁铁路奔跑的时候不会发生摩擦，这是由魏恩贝格尔教授设计的。

## 8.10　电磁运输

在魏恩贝格尔教授设计的铁路上，车厢都是完全没有重量的，它们的重量被电磁引力抵消了。根据这个设计，车厢不是沿着铁轨前进的，也不是在水里游的，更不是在空气中滑翔的——它们跟什么都没有接触，而是悬在看不见的磁力线上的。知道了这些之后各位也许就不会觉得奇怪了。它们不会受到任何摩擦力的影响，相应地，一旦进入运动状态，就会依靠惯性维持自身的速度，不需要火车头的牵引。

这种计划是靠以下方式来实现的。车厢是在一个铜管里运行的，铜管里的空气被抽空了，以使得空气的阻力不影响车厢的运动。铜管的管壁是靠电磁铁固定在空中的，火车运动的时候不会接触到管壁，这样车厢底部就没有摩擦力了。为此，在铜管上方的整条路上每隔一段距离铺上十分强大的电磁铁。这些磁铁将在铜管中运动的车厢吸引向自己，使它们不会掉落。磁铁的力量大小，应当使得这些在管中奔驰的车厢总是维持在"天花板"和"地板"之间，不和任何一方接触。电磁铁向上吸引着奔驰的列车，但是车厢不会碰触到天花板，因为有重力的牵引；当它要碰到地板的时候，下一个电磁铁又用自己的引力将其吸了上去……就这样，车厢始终都会受到电磁铁的吸引，沿着一条波状线在真空里奔驰，没有摩擦力，没有推力，就像宇宙空间的行星一样。

那么这些车厢是什么样子的呢？这是高90厘米，长大约为2.5米的雪茄烟状的圆筒。当然，这些车厢是关闭着的——因为它们是在没有空气的空间中运动的。车辆里面有自动清洁空气的装置，就如同潜水艇一般。

发车的方法也跟以前使用的方法完全不一样：这或许只能用炮弹来做比喻。实际上，这些车厢也真的是像炮弹一样被"射出去"的，不过这些"炮弹"是被磁化了的。车站是根据螺线管的性质来建造的，螺线管的导线在有电流通过的时候会吸引铁心。这个吸引过程很快，所以在线圈足够长和电流足够强的情况下，铁心能够获得极高的速度。新式的磁力铁路上用来发车的正是这种力量。因为管内没有摩擦力，所以车辆的速度不会降低，会按照惯性一直前进，直到螺线管命令它停止。

以下是设计者提出的一些细节：

　　我于1911年至1913年在托木斯克工艺学院物理实验室做的实验，是利用一根直径为32厘米的铜管来完成的。铜管上面有电磁铁，下面的支架上有小型的车厢——前后都有轮子的一节铁管，前面有"鼻子"，当"鼻子"撞在用沙袋支撑的木板上的时候，车厢就会停下来。小车厢重10千克。车厢的车速可以达到每小时6千米，受屋子和环形管大小的限制（环形管的直径是6.5米），车不能以更高的速度行驶。但是我后来完成的设计中，出发站上的螺线管有3俄里[①]，所以车速很容易就能达到每小时800~1000千米。因为管里没有空气，地面没有摩擦，所以车不需要任何能量就能持续行驶。

　　虽然这种设备，尤其是金属管的费用很高，但是由于不需要消耗能量来支持车速，以及不需要驾驶员和乘务员，所以每一千米的成本就只有千分之几戈比到百分之一或者百分之二戈比。并且双线道路一昼夜的运输量，不论是往哪个方向，都可以多达15000人或者10000吨货物。

## 8.11　火星人入侵

　　古罗马的博物学家普林尼将他那个时代流行的一个故事记载了下来，讲的是在印度的一个靠近海岸的地方有一座磁铁山，它巨大的引力吸引着任何铁制的东西。那些胆敢把船只靠近这座山的水手，都会倒霉。这座山会把船上所有的铁钉和螺钉等全都拔去——船就会分解成一块块的木板。

①　1俄里等于1.067千米。

后来，这个故事被写进了《一千零一夜》。当然，这不过是一个传说。我们现在知道，磁铁山，也就是富含磁铁矿的山是有的——比如说马格尼托尔斯克的磁铁山。但是这种山的吸引力是很小的，基本可以忽略不计。普林尼所描述的那种山，在地球上是不存在的。

现在建造船只的时候不用铁制或者钢制的部件，这并不是人们担心有磁铁山，而是为了更好地研究地球的磁力。

科普作家库尔特·拉斯维茨利用普林尼的设想，设想出了一种可怕的战争武器。在他的小说《两个星球上》中这种武器被火星人用来同地球人作战。拥有了那种磁铁武器（确切地说是电磁武器）的火星人，甚至都不用跟地球人开战，而是在战争开始前就把地球人的武器解除了。

下面是这位作家对地球人和火星人之间的战争的描写：

一队出色的骑兵勇敢地冲了上去。似乎，我们军队奋不顾身的战斗意志使强大的敌人开始后退了，因为他们的空气战船开始有了新的动作。这些战船上升到空中，就像是在准备让路一样。

这时，一种黑色的伸展得很开的东西，飘落在战场上空。这种东西像是飘扬着的被单一样，从四面八方包围着战船，并快速降落在战场上。第一批冲上去的骑兵就遭殃了——奇怪的机器把整个团都遮盖了。这种武器的作用是如此古怪和令人吃惊。战场上传来惊心动魄的号叫声，马匹和骑士们成堆地倒在地上，而空中布满了刀剑和马枪，噼噼啪啪地飞向一辆车，并黏附在车上。

这辆车向旁边略微滑了一下，将自己缴获的铁器都扔在地上。它又来回飞了两次，差不多缴获了地上所有的武器。没有一个人能抓住自己的武器。

这辆车是火星人的新发明：它用一种不可抗拒的力量将一切钢的和铁的东西都吸引过去。火星人正是依靠这种磁铁的帮助，从敌人手中夺走了武器，自己却不受到任何伤害。

空中磁铁很快向步兵逼近。那些士兵使劲抓住自己手中的武器——但是无法抗拒的力量还是将它们夺走了，很多不肯放手的人甚至被吸引到了空中。短短几分钟，第一团就全部被缴械了。这辆车又向前飞去，去追赶正在城市里前进的兵团，试图对他们使用同样的战术。

接着，炮兵队也遭受了同样的命运。

## 8.12  表和磁

阅读前一节内容的时候，自然会产生这样一个问题：难道不可以防御磁力的影响吗？难道不能使用某种磁力无法穿透的东西来阻挡它吗？

这是完全可能的。如果事先采取了适当的措施，火星人的发明也是可以制造出来的。

图 97  是什么东西使得表的钢制装置不被磁化？

不论听起来多么奇怪，不能被磁力穿过的物质竟然是容易磁化的铁！一个放在铁制环里的指南针，它的指针不会被环外的磁铁吸引。

铁壳可以保护怀表里的钢制机件不受到磁力的作用。如果把一个金表放在一个强烈的马蹄形磁极上，那么表的所有钢制结构，首先是摆轮上的游丝[1]就会磁化，表就会走得不准。拿走磁铁之后，也不能将表恢复到原来的状态，表的钢制机构部分依旧是磁化的，需要经过彻底修理，换上新的机件才可以。因此最好不要用金表来做这个实验——花费会很贵的。

但是，如果一个表的外壳是铁壳或者钢壳，就可以大胆地用来做这个实验——磁性不会穿过钢和铁。将表拿到强大的发电机线圈附近，它的精确度一点都不会受影响。对于电气技工来说，这种便宜的表倒是很理想的，因为不会像金表或者银表那样很快因为磁的作用变得不适用了。

## 8.13 磁力"永动机"

在试图建造"永动机"的历史中，磁铁也起着不小的作用。那些不成功的发明者多次使用磁铁来制造一种可以永久转动下去的机械。下面要介绍的就是其中一种（17世纪切斯特城的约翰·威尔斯金主教设计的）。

图98中，一个强烈的磁铁A位于一个小柱子上。柱子上倚靠着两根木槽M和N，一根叠放在另一根上。M的上端有一个小孔C，N是弯曲的。如果在上槽M上放一个小铁球B，那么小球就会在磁铁A的作用下往上滚。滚到小孔处，它就会落到下槽N上，一直滚到N的末端。然后顺着弯曲处D绕上来，来到M槽上。由于受到磁铁的作用，它又会重新上滚，再从小孔落下去，下滚，然后再沿着弯曲处回到上槽，开始新一轮的运动。这样，小球就会不停地前后滚动，完成"永恒的运动"。

---

[1] 这只是针对不是用特殊的因钢做的游丝。镍铁合金中虽然还有镍和铁，但是不会磁化。

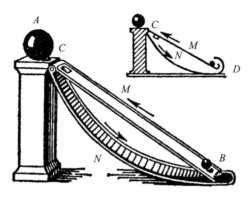

图 98　想象中的"永动机"。

这一发明的荒谬之处在哪里呢？要指出来也不难。为什么发明者会认为，小球沿着 N 槽滚动之后，到达它的末端，然后还会维持一个速度，让它重新绕过 D 弯，回到上槽呢？如果小球只是受到重力的影响，这或许是可能的：那时候它就会加速度往下滚的。但是此处的小球受到两个力：重力和磁力。后一个很强，可以迫使小球从位置 B 达到 C。所以小球沿着 N 槽不是加速前进的，速度是会变慢的。即便是到达 N 槽的下端，无论如何也没有一种速度，足以使它绕着 D 处再上升。

这个设计后来被人们以各种变化的形式重复进行实验。说也奇怪，类似的设计，竟然在 1878 年，也就是能量守恒定律提出之后 30 年，在德国取得了专利权。这位发明家把"永动机"的概念掩饰得如此高明，甚至迷惑了颁发专利特许证的技术委员会。按照章程，凡是和自然规律矛盾的发明，都不能颁发专利权，但是这一发明竟然取得了专利。但是这位世界上唯一一个获得"永动机"专利权的幸运儿大概对自己的发明失望了，两年之后就停止收取专利税了。这项可笑的发明也就失去了法律效力："发明"成了公共财产，但这样的发明是没有人需要的。

## 8.14  图书馆问题

图书馆里有时候不可避免地需要翻阅古书，这些书是如此的古旧，无论如何小心翼翼，书页都容易破损。

应当怎样来将书页分开呢？

苏联科学院有一个文件修复实验室曾经就需要解决这样的问题。在上述情况下，实验室就会利用电来解决问题：书卷充上电之后，书页相邻的各页就会得到同性的电荷，就会彼此排斥，这样书页就能毫发无损地分离开来。无论是用手来翻动已经分开的书页，还是用结实的纸将其裱起来，都是比较容易的。

## 8.15  又一个想象的"永动机"

在"永动机"的探索者之间曾经流行一种想法：将发电机和电动机结合起来。每年我都会碰到好几个这样的设计。这些设计归结如下：把电动机和发电机的滑轮用一根传送带连接起来。如果给予发电机一个原动力，它产生的电流就会传达给电动机，使电动机运转起来。电动机的动能通过传送带和滑轮传递给发电机。按照发明者的说法，这样的话，这两台机器就会相互推动着，运动永不止息，直到机器坏掉。

这个想法对发明者是具有巨大的诱惑力的。但是那些真正尝试着将其付诸实践的人，会吃惊地发现，在这种情况下，两台机器中的任何一台都不会运转。这种设计不能给人们带来任何东西。即便两台连在一起的效率都是百分之百，我们也只会在没有摩擦力的情况下看着它们一直运动下去。这两台所谓的机器联合体（按照发明家的说法，叫做"联动机"）实际上是一台机器，应当能自我运转。如果没有摩擦力，这台"联动机"以及每一条滑轮都会永远转动下去，但是这种运动却无法给人们带来任何好处：一旦让这个"发动机"做一点任何外部工作，它就会立刻停止。在我们面前也许会是永恒的运动，但不会是永远的发动机。有摩擦力的时候，机器根本不会运动。

可奇怪的是，这些人竟然没有想到更简单的方法：比如说把两条滑轮用皮带连在一起，然后转动其中的一条。按照上述逻辑，我们期待第一条滑轮的转动带动第二条滑轮，第二条又反过来带动第一条。甚至用一条滑轮也可以：转动它，右边的部分就会带动左边的部分，左边的运动也是右边转动的动力。

但无论哪一种方法，它的荒谬之处都是显而易见的，因为这样的设计不会吸引任何人。但实际上，所有这些"永动机"犯的错误都是一样的。

## 8.16 几乎就是"永动机"了

对数学家来讲，"几乎永久"是没有任何意义的。"几乎永久"运动要么就是永久运动，要么就不是永久的；"几乎永久"实际上就是不永久。

但现实生活并非这样。或许，只要能拥有一台不完全是永久运动的机器，而哪怕只是能运动上千年的"几乎永动"的机器，很多人就会满足了。人的生命很短暂，一千年对我们来说已经是永远了。对现实的人来讲，即便是上千年也算是解决了"永动机"的问题，也用不着再费脑筋了。

如果告诉这些人说，千年的"永动机"已经发明出来了，他们一定会很高兴的。每个人或许都会花费一定的资金买一台这样的永动机。这项发明的专利权不属于任何人，也没有什么秘密可言。1903年斯特雷特设计的装备，即通常所谓的"镭表"的结构并不复杂（图99）。

在一个被抽空了空气的玻璃罐里，用一根不导电的石英线 B 系住一根不大的玻璃管 A。玻璃罐里面有几毫克的镭。玻璃罐的末端挂着两个小金片。我们知道，镭会放射出三种射线：α、β、γ。在这种情况下负粒子（电子）组成的 β 射线会起到重要作用，因为它能轻松地穿过玻璃。镭向四处射出的粒子带负电，而装着镭的玻璃管则会慢慢带上正电。这些正电就会传到金片上。使得它们分离开来。

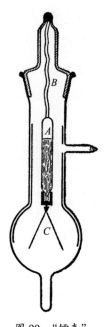

金属片分开之后，就会触碰到玻璃壁（在玻璃壁相应的地方贴上能够导电的箔条），会失去自身的电，然后重新合在一起。很快又会有新的电流，金属片又会分开，然后再将电传导给玻璃壁，继而合在一起，再次带电。这两个金片每隔 2~3 分钟就完成一次循环，做类似

图 99 "镭表"。

钟表的摆动——因此获得了"镭表"的称号。这个过程可以持续数年，十年，一百年，直到镭停止放出射线。

读者当然可以看出来，我们面前的不是"永动机"，而是没有成本的发动机。

镭会放射多久的射线呢？据计算，镭的放射能力过 1600 年减弱一半。因此镭表会不停地走上千年，随着电子的减少，慢慢地减小摆动幅度。如果在俄罗斯国家开始的时候就设计出这样的表，那它现在也许还在运转呢！

那么，可不可以利用这样的发动机来做实际的事情呢？遗憾的是，不能。这种发动机的功率太小，也就是它每秒钟所做的功太小了，根本不能使任何装置运转。为了使它发挥一点作用，需要大量的镭。如果我们还记得镭是相当稀有和珍贵的元素的话，就会同意说，这样的"无成本"的发动机是足以使人破产的。

## 8.17　电线上的小鸟

　　大家知道，人接触到电车上带电的电线或者高压线是很危险的。不仅是人，大型的动物碰到电线也会导致毁灭性的后果。我们常常会听说牛或马因为接触到断下来的电线而被电击致死的事情。

　　那又怎么来解释鸟儿能够平安无事地停留在电线上呢？我们在城市中能经常见到这样的情景（图100）。

图100　为什么鸟儿能够平安无事地停在电线上？

　　要了解这种矛盾的原因，就需要注意一下这一点：停在电线上的鸟儿身体，就好像是电路的一个分路，它的电阻比另一个分路（鸟的两脚之间那段很短的电线）的电阻大很多。因此，这个分路（鸟的身体）中的电流会很小，对鸟儿没有伤害。但是一旦停在电线上的鸟儿的翅膀，或者尾巴，或者嘴触到电线杆——总的来说，不论是以任何方式跟地面有接触——那么它一瞬间就会被通过它身体流入地面的电流击死。这种情况也是经常能碰到的。

　　鸟儿停在高压电线杆上的时候，会在电线上磨嘴。由于电线杆及托架是和地面相连的，所以鸟身体的其他部分一旦接触到有电流的电线，就会不可避免地触电身亡。这类事情经常发生。因此，德国就采取了特别的措施来防止鸟儿的死亡。他们在高压线的托架上安装了绝缘的架子，鸟儿停在这种架子上，可以安全地在电线上磨嘴（图101）。有些危险的地方安装了特别的装置，使得鸟儿碰不到它。

图 101　高压电线的托架上为鸟类安装了绝缘的架子。

现在高压电网发展迅速，为了林业和农业的需要，也为了保护飞鸟，我们需要考虑如何避免类似事件的发生。

## 8.18　在闪电的照耀下

大家是否见过雷雨的时候被闪电短促的光线照亮的城市街道？大家一定注意到一种特别的现象：刚刚还十分活跃的街道，一下子就好像"冻结"了。马儿停在奔跑的姿势里，四蹄悬空；车辆也停止不动了：车轮上的每一根辐条都看得清清楚楚……

这种好像静止的景象的原因是闪电持续的时间非常短促。和任何电火花一样，闪电持续的时间甚至不能用通常的方法来测量。但使用间接的方法测出，闪电有时候持续的时间是千分之几秒[1]。在这样短的时间段里，物体移动的位置肉眼基本无法察觉。所以在闪电的照耀下，人来人往的街道似乎完全不动：要知道我们看到物体的时间还不到千分之一秒呢！在如此短暂的时间里，即便是飞驰的汽车车轮上的辐条，也只能移动几万分之一毫米的距离。对肉眼来讲，这和静止是没有差别的。

## 8.19　闪电值多少钱？

在遥远的古代，人们把闪电当做神明，这样的问题听起来是亵渎神灵的。但在电能已经成为一种商品，可以进行测量和估价的今天，关于闪电价格的问题就不应当没有意义了。需要解答的问题是：计算出闪电放电的时候需要消耗的电能，依据照明电的价格算出它值多少钱。

以下是计算方法。雷电放出的电压等于50000000伏特。电流大约是200000安培（这个数字是根据铁心被电流磁化的程度来计算的；电流是指打雷的时候通过避雷针进入线圈的电）。瓦特数等于伏特数乘以安培数。但还应当注意到，放电的时候电压会降到零，所以计算电能的时候应当用平均电压，换句话说，应当是最初电压的一半。我们可以得到：

电功率＝（50000000×200000）÷2=5000000000000瓦特，也就是5000000000千瓦。

得到以这么多个零结尾的数字，大家自然会想，闪电的价值肯定是一

---

[1] 有的闪电也会持续比较长的时间，长达百分之一或者十分之一秒；还有一种持续的闪电，几十道闪电一道接一道，可以持续1.5秒。

个很大的数字。但是，如果用电费通知单里面的千瓦小时来表示这些电能，得到的数目就会小很多。闪电持续的时间不过千分之一秒，这一段时间内消耗的电能为 5000000000÷（3600×1000）≈1400 千瓦小时。1 千瓦小时为 1 度，按照每度电 4 戈比的价格，我们可以计算出闪电的价格为：

$$1400 \times 4 = 5600 \text{ 戈比} = 56 \text{ 卢布。}$$

这个结果是让人吃惊的：要知道闪电的功率是炮弹的一百多倍，但价值只有 56 卢布。

有趣的是，现代电工技术已经几乎可以制造闪电了。实验室中得到的闪电可以达到 1 千万瓦，闪电长 15 米，能达到的距离不是很大。

## 8.20 房间里的雷雨

可以用橡皮管在家里制造一个小型的喷泉：把橡皮管的一端放进高处的水桶，或者把橡皮管套在自来水水龙头上。水管的出水口要很小，这样喷泉的水才会呈现细流。为此，最简单的方法就是把一根没有铅芯的铅笔扎在橡皮管出水的那一头。为了方便起见，还可以在水管出水的那一头套上一个倒置的漏斗，如图 102 所示。

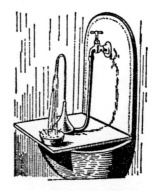

图 102　小型的雷雨。

将喷泉置于半米的高度，让水流垂直向上流，将一个用绒布擦拭过的火漆棒或者硬橡胶梳子移到喷泉附近。此时就能马上看到一个出人意料的图景：喷泉向下喷射部分的细细的水流汇合成了一股大的水流。水流发出巨大的声响，跌落在下端的容器中。这种声响类似雷雨的声音。物理学家博伊斯说："毫无疑问，正是基于同样的原因，雷雨时候的雨点才会那么大。"移走火漆棒：喷泉马上就变成了细流，雷雨的声响变成了细流柔和的声音了。

在不知情者的面前，你可以像魔术师使用"魔棒"一样，用火漆棒来指挥水流。

电流对喷泉的这种出人意料的作用，可以这样来解释：水流出来的时候产生电了，朝向火漆棒的水滴带正电，相反方向的水滴带负电。这样的话，水滴里面带电不同的部分接近的时候，就会相互吸引，使水滴结合在一起。

水对电流的这种作用，可以用更简单的方法观察到：用一把刚刚梳过头的硬橡胶梳子靠近细细的水流：水流会变得很密集，并且明显地偏向梳子那一边（图103）。解释这种现象比前一种要困难些，它和电荷作用下物体表面张力的改变有关系。

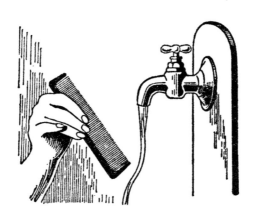

图103 当带有电荷的梳子接近水流的时候，水流会弯向梳子。

顺便指出，传动皮带在皮带盘上转动的时候会起电，也可以用摩擦生电来解释。产生的电火花在有的生产部门有可能会引起火灾。为了避免这种危险，在传动皮带上涂了薄薄的一层银，这样传动皮带就成了导电体，电荷就不会积蓄起来了。

# 第九章　声音·波动

## 9.1　声音和波动

声音传播的速度比光慢几百万倍。由于无线电波传播的速度和光波一样，因此，声音比无线电波的传播慢几百万倍。由此可以得出一个有趣的结论，这个结论的实质可以用这样一道习题来解释：是坐在音乐厅里、距离钢琴 10 米的观众，还是距离大厅 100 千米之外的那个用无线电收听音乐的听众先听到乐音？

不论多么奇怪，无线电听众虽然比音乐厅里的听众距离钢琴的远近大10000 倍，但是他却可以先听到乐音。这是因为，无线电波传送 100 千米的距离，需要的时间是

$$\frac{100}{300000} = \frac{1}{3000} 秒,$$

而声音传播 10 米需要的时间是：

$$\frac{10}{340} = \frac{1}{34} 秒。$$

由此可见，无线电传播声音的时间，大约是空气传播声音时间的 $\frac{1}{100}$。

## 9.2　声音与子弹

儒勒·凡尔纳的乘客们坐着炮弹飞向月球的时候，因为没有听到大炮发射炮弹的声音而觉得莫名其妙。不过这种情况是再正常不过的。不论发炮的声音多么大，它传播的速度（任何声音在空气中的传播也如此）都只有每秒钟 340 米，而炮弹的速度是每秒钟 1100 米。显然，发炮的声音是不可能传到这几位乘客的耳朵的：炮弹的速度超过了声音的速度 [1]。

---

① 现代许多飞机的速度都比声音的传播速度快。

　　那现实中的炮弹或子弹的情况如何呢：它们比声音的速度快，还是声音比它们快，可以提醒人们躲开射击呢？

　　现代步枪发射子弹的时候，子弹获得的速度差不多是空气中声音传播速度的 3 倍——差不多每秒钟 900 米（声音在 0℃的时候速度是每秒钟 332 米）。当然，声音传播的速度是平稳不变的，子弹飞翔的速度会逐渐变慢。但是在子弹飞行的大部分时间里，都比声音的传播速度快。由此可见，如果在放枪的时候，你听到了枪声或子弹的响声，那么你就不必慌张了：子弹已经飞过去了。子弹总是在枪声之前的，所以如果子弹打中了人，这个人就会在枪声达到他的耳朵之前，被打死了。

## 9.3　假爆炸

　　飞行的物体和它发出的声音在速度上的比较，有时候会使我们不知不觉中得出错误的结论，这些结论常常和现象完全不吻合。

　　高高地飞过我们头顶的流星或者炮弹就是有趣的例子。流星从宇宙穿进我们地球大气层的时候，具有很大的速度，这个速度即便是因大气的阻力而减小了，但还是比声音的速度快几十倍。

　　穿过空气的时候，流星通常会发出雷鸣般的声音。假设我们位于图 150 的 $C$ 点，有一颗流星沿着我们头顶的 $AB$ 线飞过。流星在 $A$ 点发出的声音，在它到达 $B$ 点的时候，才到达我们的耳朵（$C$ 点）。由于流星的速度比声音快很多，所以在 $D$ 点发出的声音，在 $A$ 点的声音之前到达我们的耳朵。所以我们能够先听到 $D$ 点的声音，然后才是 $A$ 点的声音。由于从 $B$ 点传来的声音同样会在 $D$ 点的声音之后到达我们的耳朵，所以我们头顶上应该还会有某个点 $K$，流星在这一点发出的声音会最先到达我们的耳朵。对数学感兴趣的人，在知道流星和声音之间速度关系的情况下，可以计算出这些点的位置。

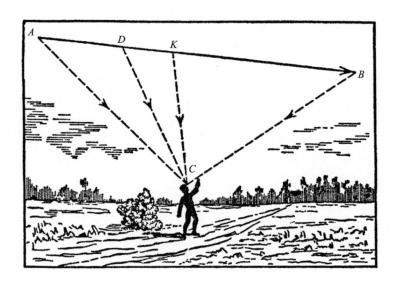

图 150　流星的假爆炸。

　　这就会产生这样的结果：我们听到的和我们看到的不一样。我们眼睛看到的是流星首先在 A 点，然后沿着 AB 线飞行。但对我们的耳朵来讲，最先出现的是头顶某个 K 点的声音，然后会同时听见两个来自相反方向的声音——从 K 到 A 和从 K 到 B。换句话说，我们似乎听到流星已经爆炸成了两部分，这两部分往两个方向飞去。实际上并没有发生任何爆炸。或许，很多说亲眼见到过流星爆炸的人，都是受了声音的错觉的影响。

## 9.4　如果声音的速度减小了……

　　如果声音在空气中的传播速度不是每秒钟 340 米，而是更慢，那么我们会更常感到声音的错觉现象。

假设，声音的速度是每秒钟 340 毫米，也就是说，比人步行的速度还慢。这时候你坐在椅子上听朋友讲故事，你的朋友习惯于在室内踱来踱去地讲故事。在通常情况下，他踱步的声音不会影响你的听觉；但是如果声音的速度减小了，你就什么也听不见了：他先说出的那些话，会和后说的话混合在一起——你就只能听见一片杂音，什么内容都听不出来。

同时，当你的朋友向你走来的时候，他说话的声音会以相反的顺序到达你的耳朵：先是刚刚说出的话，然后是早一些的话，然后是更早说出的话，以此类推，因为说话的人赶着自己的声音，并且总是在声音的前面。

## 9.5　最慢的谈话

如果你认为声音在空气中的真正速度总是足够的话，那你马上就会改变自己的看法。

假设，莫斯科和圣彼得堡之间没有电话，而是从前那种在大商店里连接各个房间的传话筒，或者是在轮船上为了同机器间通话使用的传话筒。你站在线路的这一头（圣彼得堡），你的朋友在那一头（莫斯科）。你问他一句话，等待回答。5 分钟，10 分钟，15 分钟过去了——还是没有听到回音。这时候你就会担忧，是不是同伴出了什么问题。但是这种担心是多余的：其实问题在于声音还没有到达莫斯科呢，还在半路上。再过 15 分钟，莫斯科的朋友才能听见问题，并且回答。但是他的回答从莫斯科传到圣彼得堡，还需要那么长时间，所以，你在提出问题的 1 小时之后才能听到问题的答案。

这个结论可以通过计算来检验：莫斯科到圣彼得堡的距离是 650 千米；声音每秒钟的速度是 $\frac{1}{3}$ 千米。这就是说，声音传播这个距离需要 1950 秒，也就是差不多 33 分钟。这种情况下，哪怕是从早到晚讲一天的话，你们也只能交流几句话而已 [①]。

## 9.6　最快的方式

　　有这么一段时间，即便是用上述方法已经是传播消息的最快途径了。很多年前，谁都没有想过电报和电话之类的东西，在几个小时的时间里就可以向650千米的距离传播消息已经是很理想的速度了。

　　据说，在沙皇保罗一世加冕的时候，关于在莫斯科加冕开始的时间的消息，是通过以下方式从莫斯科传到圣彼得堡的。在莫斯科到圣彼得堡的路上，每隔200米就有一个士兵。在教堂敲第一次钟的时候，最近的那个士兵朝天开一枪；他的下一个同伴听到枪声之后，马上也开一枪，然后第三个士兵也开枪——信号就是这样传到圣彼得堡的，一共用了3个小时的时间。这就是说，在莫斯科第一声钟响之后3小时，彼得保罗要塞的大炮才会在650千米之外打响。

　　如果莫斯科的钟声能够直接传到圣彼得堡，我们已经知道，这个声音会在仅仅半小时之后达到圣彼得堡。这就是说，在传达声音的3个小时时间中，有2.5小时是消耗在士兵辨别声音并打枪的动作上的。尽管这些动作极小，但是累计起来就有2.5个小时之多。

　　还有一个类似的例子是在相隔更远的距离内传递光信号。沙皇统治时期的革命者在进行地下会议的保护工作的时候采用的就是这种方法：革命者的眼线从会议地点一直延伸到警察局。第一声警报响起之后，隐蔽的一个个"小电灯"就会把声音相继传到会议地点。

---

① 作者在这里略去了声音的振动随着距离而衰减这一点，所以，在这样的线路两端的两个人，是什么也听不见的。

# 9.7 击鼓传"电报"

在非洲、中美洲以及波利尼西亚群岛的土著民中，今天依然在利用声音信号传播信息。这些原始部落使用的是一种特殊的鼓，利用这种鼓可以将声音传播到很远的距离之外：一个地方收到信号之后，就会向另一个地方传递，信息就这样传播下去：这样在极短的时间内，散居的居民就能知道某些重要的事情了（图151）。

图151 原始部落的居民用击鼓的方式传"电报"。

意大利和阿比尼西亚（今天的埃塞俄比亚）的第一次战争期间，意大利军队的每一次调动都被梅内里的黑人们知晓，从而可以有意识地将意大利军队引入困境。但是不知情的意大利指挥部，竟然不知道对手的这种"击鼓传'电报'"方式的存在。第二次意阿战争的时候，也是同样的方式，从阿比尼西亚的首都发出的动员令几个小时就传遍了散布在全国各地的部落。

英国人与布尔人的战争期间也出现过类似的情况。依靠这种"电报"，所有的战况信息只需要几个昼夜就在居民中迅速传播开来。

据一些旅行者说，这种声音信号传播方式是由一些非洲部落发明的，这种方式是如此完美，比欧洲人的电报还好，因此，电报的发明者应当是非洲人。

尼日利亚内陆的伊巴丹一座叫布里顿的博物馆有一位考古学家，也曾做过相关的记录。他描述了当时日夜鸣响的隆隆的鼓声的状况，有一天早上，他听到一些黑人在热烈地讨论问题。一位军官这样回答他的疑问："白人的一艘巨大的战舰沉没了，死了很多白人。"这就是从海边用"鼓的语言"传来的消息。

这位学者没有赋予这种传言任何意义。但三天之后，他收到了一封迟到的电报，是关于轮船沉没的。这个时候他才明白，这些黑人的消息是正确的。令人吃惊的是，这些部落之间的语言是完全不同的，有的部落之间还在彼此进行战争。

## 9.8 声云和空气回声

声音不但可以从坚固的屏障上反射回来，还能从像云那样柔软的物体上反射。另外，甚至是透明的空气在一定条件下也能反射声波——这是指这部分空气传声的能力与其他空气不同的时候。这时候产生的现象，和光学上所谓的"全反射"类似。声音经由看不见的屏障反射回来，我们就会听到一个不知道来自何处的奇怪的回声。

这个有趣的事实是丁铎尔有一次在海边做声音信号实验的时候发现的，他写道："从完全透明的空气中传来一个回声，这个回声魔法般从看不见的声云传导过来。"

这位著名的英国物理学家所谓的声云，是指透明的空气中能使声音发生反射的那部分空气，这些部分产生了"来自空气的回声"。关于这一点，他是这么说的："声云总是飘浮在空气中，它们和普通的云一点关系都没有，和雾也没有任何联系。最透明的大气中可能充满了这种声云。这样就能产生空气的回声。和流行的观点不同的是，在明朗的大气中也能产生空气回声。它们可能是由冷热不同或者所含的水蒸气数量不同的气流引起的。"

声音无法穿透的声云的存在，可以解释某些作战当中见到的奇怪现象。丁铎尔从一位参加过 1871 年普法战争的人的回忆录中，引述过下面一段话：

6 日的早晨和昨天的情况完全相反。昨天是刺骨的寒冷，并且还有雾，半里之外再也看不见任何东西。而 6 日是晴朗、明亮而暖和的。昨天的空气中弥漫着声音，今天却和不知道有战争的桃花源一样安静。我们惊奇地看着彼此，难道巴黎和它的堡垒，大炮和轰炸都消失了吗？……我坐车来到蒙莫兰希，从这里可以看到巴黎北郊的广阔的全景。但是这里也是死一般的安静……我碰到了三个士兵，我们就开始讨论目前的局势。他们已经在设想，可能是开始和平谈判了，因为从早上开始就没有听到任何射击声。

我继续走到霍涅斯。但我惊奇地发现，德军的大炮从早上 8 点起就开始猛烈地攻击。在南部，炮击差不多也是这个时候开始的。但是在蒙莫兰希，我们什么声音也没有听到！……这都是跟空气有关系的：今天的传声能力很弱，昨天很好。

1914~1918 年的世界大战中，也不止一次发生过类似的情况。

## 9.9 听不见的声音

有一些人听不见蟋蟀的鸣叫或者蝙蝠的吱吱声那样尖锐的声音。这些人不是聋子，他们的听觉器官良好，但他们却听不见很高的音调。丁铎尔认为，有的人甚至听不见麻雀的叫声。

其实，我们的耳朵远远不能接听发生在身边的所有振动。如果物体每秒钟振动的次数少于 16 次，我们就听不见这个声音。如果它每秒钟振动 15000~22000 次以上，我们依然听不见。不同的人的音调的最高界限是不同的。老人的音调最高限较低到了每秒钟 6000 次。因此就会发生这样奇怪的现象：有些人能听到刺耳的高音，有的人却听不见。

很多昆虫（比如蚊子和蟋蟀）发出的声音，每秒钟的振动是 2 万次；对一些人的耳朵而言，这些声音是存在的，对另一些人而言却不存在。那些对刺耳的高音不敏感的人，在另一些人能听出刺耳的噪音的地方，就能享受到绝对的安静。丁铎尔说，有一次跟朋友在瑞士游玩的时候就碰到过这样的情况：

"大路两旁的草地里到处都是昆虫。我听见了这空气中尖锐的虫声，但是我的朋友却什么也听不见：昆虫的乐音超出了他的听觉范围。"

蝙蝠的吱吱声比昆虫刺耳的鸣声低一个八度音，也就是说，蝙蝠鸣叫的时候，空气振动的次数少一半，但是有的人也听不见，因为他们音调的觉察能力的最高界限还要低。

相反，狗却能觉察到振动次数达到每秒 38000 次的音调，这已经是超声振动的范围了。巴甫洛夫实验室曾证明过这一点。